● 全国多所高等设计院校教师推荐的教辅资料
● 全国多家计算机软件培训机构统一订购教程
● 出版社经多次特约获权出版的图书

3ds Max完全教程系列

3ds Max 2013
装修效果图完全教程
（中文版）

曾令杰　万　丹　等编著

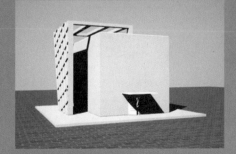

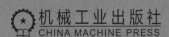

机械工业出版社
CHINA MACHINE PRESS

本书全面地介绍使用中文版3ds Max 2013制作装修效果图的方法,主要针对零基础读者,是快速入门并全面掌握运用3ds Max 2013制作装修效果图的技法必备参考书。本书从基本操作入手,结合大量的可操作性实例,全面而深入地阐述了3ds Max 2013的建模、灯光、材质、渲染在效果图制作中的运用方法。全书共19章,分基础篇、提高篇、精华篇三大部分。讲解模式新颖,符合零基础读者学习新知识的思维习惯。本书附带1张DVD教学光盘,内容包括本书所有实例的V-Ray材质、贴图、光域网、素材模型、全程教学视频等文件,同时还准备了常用的单体模型、效果图场景、经典贴图赠送读者,以方便读者学习。本书适合装修设计师、3D爱好者阅读,可供各类数码软件培训班作为教材使用,还适用于大、中专院校学生自学。

图书在版编目(CIP)数据

3ds Max 2013装修效果图完全教程/曾令杰等编著. —北京:机械工业出版社,2013.10
3ds Max完全教程系列
ISBN 978-7-111-44386-5

Ⅰ.①3… Ⅱ.①曾… Ⅲ.①室内装饰设计—计算机辅助设计—三维动画软件—教材 Ⅳ.①TU238—39

中国版本图书馆CIP数据核字(2013)第245820号

机械工业出版社(北京市百万庄大街22号 邮政编码100037)
策划编辑:宋晓磊 责任编辑:宋晓磊 林 静
封面设计:鞠 杨 责任印制:乔 宇
北京画中画印刷有限公司印刷
2014年1月第1版第1次印刷
210mm×285mm·14印张·390千字
标准书号:ISBN 978-7-111-44386-5
            ISBN 978-7-89405-187-5(光盘)
定价:69.80元(含1DVD)
凡购本书,如有缺页、倒页、脱页,由本社发行部调换
电话服务   网络服务
社 服 务 中 心:(010)88361066   教材网:http://www.cmpedu.com
销 售 一 部:(010)68326294   机工官网:http://www.cmpbook.com
销 售 二 部:(010)88379649   机工官博:http://weibo.com/cmp1952
读者购书热线:(010)88379203   **封面无防伪标均为盗版**

前 言

　　3ds Max是当今最流行的三维制作软件，广泛用于装修设计、建筑表现、影视动画等行业，尤其是用于制作装修效果图，更是具有得天独厚的优势。3ds Max 2013操作便捷，功能强大，在装修效果图行业已经成为标杆，是一款集建模、材质、灯光、渲染于一体的全能三维软件。

　　3ds Max 2013的操作界面看似复杂，掌握起来其实并不困难，初学者可以将精力主要放在常用工具的操作方法上，如三维物件的创建、编辑、修改等三个方面。创建三维物件要分清类别，创建后应及时修改各项参数，二维线形物件创建后应使用修改器将其转换成三维物件。为了提高效率，创建时可以比较随意，但是创建完成后应仔细设置初始参数，使三维物件符合设计要求。不能创建半成品物件搁置，待后期再作调整。三维物件的编辑主要包括移动、旋转、缩放等，这些操作应紧接着创建展开，力求即创建即编辑。常用的编辑命令还包括锁定、镜像、复制、对齐等，它能进一步控制编辑物件的尺度与规范，应适时开启或关闭这些工具，提高编辑效率。修改三维物件主要使用各种修改器，用于装修效果图模型的修改器并不多，如法线、FFD、编辑网格、挤出、壳、UVW贴图等都属于比较常见的修改器，更多模型只需要简单修改就能达到设计要求。复杂模型可以调用本书光盘中的模型素材，快速合并到场景中，稍做调整即可使用。

　　创建模型的同时就要设置材质与贴图。材质是材料的质地，是模型质感的表现，贴图是在模型外表覆盖1张或多张图片，配合材质体现出模型的真实感。合并到场景中的家具、陈设、配饰也需要指定材质与贴图，制作时应特别注意，不能遗漏合并模型的材质与贴图。本书光盘中附有大量配套贴图，可以根据需要选用。此外，3ds Max 2013的材质编辑器中还可以使用V-Ray材质，能配合后期V-Ray渲染器表现出精美的材质效果，这些需要在设置材质时一并考虑。3ds Max 2013的灯光创建也与后期渲染紧密联系在一起，多与渲染设置面板同时使用。高品质装修效果图灯光应该特别丰富，包括室内人工光与室外自然光，设置灯光的核心在于调用成品光域网文件，使灯光能自然地投射到各界面上，表现出自然、多变、柔和的效果。

　　渲染操作在3ds Max 2013中表现最复杂，本书详细介绍了V-Ray渲染器的使用方法，能保证装修效果图的渲染质量与速度。在创建模型、设置材质贴图时，一般都要经过多次预渲染，随时校正错误。V-Ray渲染器内容较多，本书通过四个案例，反复介绍装修效果图渲染设置的要点。渲染所需时间最长，在以往的3ds Max教程中，渲染一张装修效果图需要长达数小时。本书所介绍的光子图渲染方法，能大幅度提高渲染速度，使渲染能降低至30min左右。

　　使用3ds Max 2013制作装修效果图是行业主流，本书专项针对装修效果图制作方法进行讲解，图文并茂，不仅不遗漏任何细节，而且还在多个案例中适当重复操作要点，能让初学者迅速牢记操作方法，建立适合自己的操作习惯。本书所附带的光盘中包含V-Ray材质、贴图、光域网、素材模型、全程教学视频等文件，不仅提供了学习参考，还能满足日后的工作需求。本书在编写过程中得到了社会各界的帮助，在此特别感谢以下同事、朋友在本书编写过程中的参与（排名不分先后）。

蒋子龙　都晓杰　何　樑　赵　轩　魏　巍　白泽林　张泽宇　丁相琳　刘桂萍　郭雅慧　黄　蓉
李星月　冯　敏　史　士　张霄晖　史晓琳　瘳石惠　郭思妤　李郁文　李　平　刘　涛　汤留泉
吴方胜　吴程程　肖　萍　万　阳　刘艳芳　刘　敏　陈伟冬　邓贵艳

编者

目 录

前言

基础篇

基础建模与渲染

本篇主要介绍3ds Max 2013的基础建模与渲染方法，基础建模方法多样，但是简便快捷的方法却鲜为人知。本篇所列方法均经过实战检验，为非常便捷的操作方法。1～9章内容中穿插诸多简短实例，能满足各类装修效果图的制作要求，让初学者熟悉3ds Max 2013软件的基本操作，为后期深入学习打好基础。

提高篇
高级材质灯光渲染

083

本篇主要介绍V-Ray渲染器的使用方法，V-Ray渲染器是3ds Max 2013软件中的外挂插件，主要用于装修效果图渲染。运用时应统筹考虑，其设置内容包含灯光、材质、渲染等三大板块。10～14章详细分析了V-Ray渲染器的具体功能，指出重要细节，列举了主要参数的设置效果，方便读者更直观对比。

精华篇
装修效果图实例

115

本篇以实例的形式讲解3ds Max 2013操作细节。15～18章介绍4个实例装修效果图的制作方法，深入剖析3ds Max 2013的强大功能，反复实践操作能强化初学者的记忆，初学者能根据本书举一反三制作出各种效果图。19章介绍PhotoshopCS6修饰效果图的方法，通过修饰能让效果图变得更完美。

使用说明

本书详细讲解3ds Max 2013制作装修效果图的方法。书后附有1张DVD光盘，其中包含本书所有V-Ray材质、贴图、光域网、素材模型、全程教学视频等文件。其中教学视频与本书内容同步，通过视频讲解操作方法，使学习更直观。读者可以对照本书内容练习，也可以参考本书方法独立制作效果图。

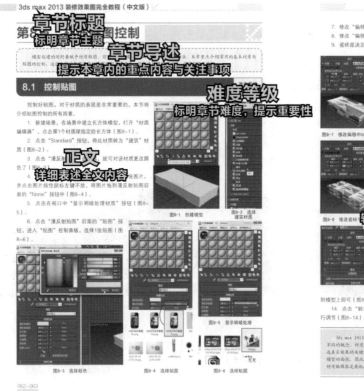

基础篇
基础建模与渲染

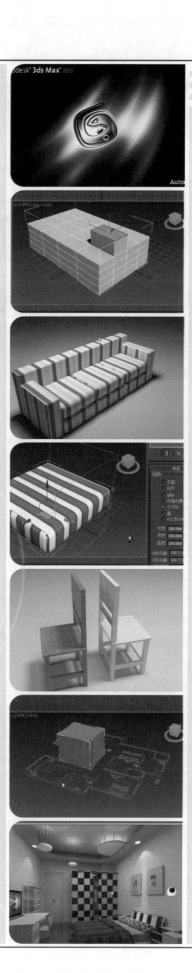

第1章 3ds Max 2013基础

3ds Max是当今非常流行的三维图形图像制作软件，目前在我国制作装修效果图几乎全部使用这款软件，它的功能强大，制作效果逼真，受众面很广。本章主要介绍3ds Max 2013的基础，包括简介、新增功能、安装方法、界面介绍、视口布局5个内容，让读者熟悉3ds Max 2013软件的基本操作，为后期深入学习打好基础。

1.1 3ds Max 2013中文版简介

难度等级
★☆☆☆☆

3ds Max 2013全称为3D Studio MAX。该软件早期名为3DS，是应用在DOS操作系统下的三维软件，之后随着个人计算机高速发展，Autodesk公司于1993年开始研发基于个人计算机平台的三维软件（图1-1），终于在1996年，3D Studio MAX V1.0问世，图形化的操作界面，使应用更为方便。3D Studio MAX从V4.0开始简写成3ds Max，随后历经多个版本。3ds Max 2013为目前非常新的一个版本，3ds Max 2013分为32-bit与64-bit两种版本，安装时应根据计算机操作系统类型来选择。

3ds系列软件在三维动画领域拥有悠久的历史，在1990年以前，只有少数几种渲染与动画软件可以在个人计算机上使用，这些软件或是功能极为有限，或是价格非常昂贵，或是二者兼而有之。作为一种突破性新产品，3D Studio的出现，打破了这一僵局。3D Studio为在个人计算机上进行渲染与制作动画提供了价格合理、专业化、产品化的工作平台，并且使制作计算机效果图与动画成为一种全新的职业。

DOS版本的3D Studio诞生在20世纪80年代末，那时只要有1台386DX以上的微型计算机就可以圆1名电脑设计师的梦。但是进入90年代后，个人计算机与Windows 9x操作系统不断进步，使DOS 操作系统下的设计软件在颜色深度、内存、渲染与速度上存在严重不足。同时，基于工作站的大型三维设计软件，如Softimage、Light Wave、Wave front等在电影特技行业的成功使3D Studio的设计者决心迎头赶上。与前述软件不同，3D Studio从DOS向Windows转变要困难得多，而3D Studio MAX的开发则几乎从零开始。

后来随着Windows平台的普及以及其他三维软件开始向Windows平台发展，三维软件技术面临着重大的技术改革。在1993年，3D Studio软件所属公司果断地放弃了在DOS操作系统下创建的3D Studio源代码，而开始使用全新的操作系统（Windows NT）、全新的编程语言（Visual C++）、全新的结构（面向对象）编写了3D

图1-1 Autodesk网站

Studio MAX，从此，个人计算机上的三维动画软件问世了。

在3D Studio MAX 1.0版本问世后仅一年的时间，开发者又重写代码，推出了3D Studio MAX 2.0。这次升级是一个质的飞跃，进行了上千处的改进，尤其是增加了NURBS建模、光线跟踪、材质发、镜头光斑等强大功能，使得该项版本成为了一款非常稳定、健全的三维动画制作软件，从而占据了三维动画软件市场的主流地位。

随后的几年里，3D Studio MAX先后升级到3.0、4.0、5.0等版本，且依然在不断地升级更新，直到现在的3ds Max 2013，每个版本的升级都包含了许多革命性的技术更新（图1-2、图1-3）。

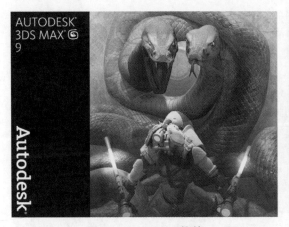
图1-2 3ds Max 9软件

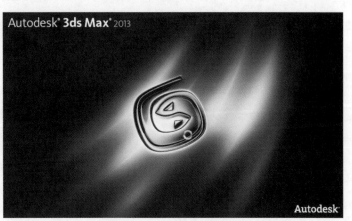
图1-3 3ds Max 2013软件

1.2 3ds Max 2013新增功能

难度等级
★☆☆☆☆

为了在更短的时间内制作模型、纹理、角色动画及更高品质的图像，Autodesk 3ds Max 2013 在建模与纹理工具集上进行了巨大改进，可以通过将前后关联的用户界面随意调用，有助于加快日常工作流程，而非破坏性的Containers分层编辑可以促进同事之间并行协作。同时，用于制作、管理动画角色完全集成的高性能工具集，可以快速呈现出真实的场景。此外，借助新的材质编辑器、高质量硬件渲染器、纹理贴图与材质，使制作写实图像变得更加容易。具体功能主要包括以下内容。

1.2.1 Slate材质编辑器

使用Slate材质编辑器能可视化编辑材质，这个新的且基于节点的编辑器可以大大改进创建与编辑复杂材质网络的工作流程并提高工作效率。直观的结构视图框架能够处理复杂的模型材质（图1-4）。

1.2.2 Quicksilver硬件渲染器

使用Quicksilver能在更短时间内制作高保真可视化预览、动画模型，Quicksilver是一种新的硬件渲染器，可以通过很快的速度

图1-4 Slate材质编辑器

制作出高品质图像。这个新的多线程渲染引擎同时使用计算机的CPU与GPU，支持alpha与z-缓冲区渲染元素、景深、运动模糊、动态反射、区域、光度学、间接灯光效果、精度自适应阴影贴图等功能，并能以大于屏幕的分辨率进行高精度渲染。

1.2.3　Containers本地编辑

通过让用户在引用内容时，非破坏性地添加本地编辑层，能大大改进Containers工作流程，更高效地进行协作。通过同时工作，能满足提高工作效率，满足时限要求。如果一个用户制作的文件未锁定，另一个用户可以继续精调基本数据。多个用户可以一次修改同一文件的不同元素。

1.2.4　建模与纹理改进

进一步扩展Graphite建模与视口画布工具集，增添了新工具，能加快建模与纹理制作任务。增添了在视口内进行3D绘画与纹理编辑的修订工具集；增添了使用对象笔刷进行绘画并在场景内创建几何体的功能；增添了用于编辑UVW坐标的新笔刷界面；增添了用于扩展边循环的交互式工具。

1.2.5　3ds Max材质的视口显示

增添在视口中查看大部分3ds Max纹理贴图与材质的新功能，在高保真交互式显示环境中开发与精调场景，而无需不断重新渲染。用户可以在更匹配的输出环境中做出交互式决定，从而帮助减少错误，并改进操作过程。

1.2.6　3ds Max Composite

利用3ds Max Composite改进渲染传递，并将它们融合到实拍镜头中。基于Autodesk Toxik技术的全功能、高性能的HDR合成器。3ds Max Composite工具集整合了抠像、校色、摄影机贴图、光栅与矢量绘画、运动模糊、景深等功能，以及支持立体效果的制作工具。

1.2.7　前后关联的直接操纵用户界面

利用新的前后关联多边形建模工具用户界面，节省建模时间，始终专注手边的创作任务，该界面不必将鼠标从模型移开。建模人员可以交互式操纵属性，直接在视口中的兴趣点输入数值，并在提交修改前预览结果。

1.2.8　CAT集成

使用角色动画工具包（CAT）能更轻松地制作并管理角色，能进行分层、加载、保存、重新贴图、镜像动画。CAT现已完全集成在3ds Max 2013中，提供了开箱即用的高级创建与动画系统。通过其便利、灵活的工具集。用户可以使用CAT中的默认设置，在更短的时间内取得高质量效果。

1.2.9　Ribbon自定义

利用可自定义的Ribbon布局，最大化可用工作空间。创建与存储的界面配置更具个性化，包括常用的操作项与宏脚本，并能自定义快捷键或通过按钮来切换这些配置的显示。自定义功能能让操作者更加专注地进行工作，提高工作效率。

1.2.10　Autodesk材质库

可以从多达1200个材质模板中选择，能更精确地与其他Autodesk软件交换材质。

1.2.11　Google SketchUp Importer

能将Google SketchUp软件6和7版本的文件导入3ds Max 2013中进行编辑（图1-5）。

1.2.12　Inventor导入改进

能将Autodesk Inventor文件导入3ds Max，而无需在同一台计算机上安装Inventor，而且还能再导入实体物体、材质、表面，使合成时获得更好的效果。

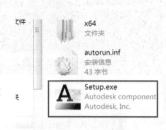

名称	修改日期	类型	大小
白灯罩.mat	2013/2/28 20:50	3dsMax material...	140 KB
白木.mat	2013/2/28 20:48	3dsMax material...	140 KB
白乳胶.mat	2013/2/28 20:49	3dsMax material...	140 KB
背景.mat	2013/2/28 20:49	3dsMax material...	140 KB
玻璃.mat	2013/2/28 20:49	3dsMax material...	140 KB
不锈钢.mat	2013/2/28 20:49	3dsMax material...	140 KB
布.mat	2013/2/28 20:49	3dsMax material...	140 KB
布料.mat	2013/2/28 20:49	3dsMax material...	140 KB
布料01.mat	2013/3/2 14:49	3dsMax material...	76 KB
布料02.mat	2013/3/2 14:50	3dsMax material...	76 KB
窗帘布.mat	2013/2/28 20:50	3dsMax material...	140 KB

图1-5　SketchUp文件导入

1.3　3ds Max 2013中文版安装方法

难度等级 ★★☆☆☆

本节将对3ds Max 2013中文版安装进行明确介绍，其实3ds Max 2013的安装与前期版本差不多，操作起来并不复杂，但是不能颠倒顺序。

1.3.1　安装方法

1. 解压下载的压缩包。打开解压文件夹找到Setup.exe文件，运行它开始安装3ds Max 2013中文版（图1-6）。

2. 检查系统配置后，这时就会进入安装界面。单击"安装"按钮进行安装（图1-7）。

3. 安装许可协议勾选"我接受"，单击"确定"按钮（图1-8）。

4. 产品信息界面。选择许可类型为"单机"，输入序列号"*** _ ********"与产品密钥" ******"（图1-9）。

图1-6　启动安装程序　　　图1-7　开始安装

图1-8　接受许可协议　　　图1-9　产品信息界面

图1-10　单击激活

1.3.2　激活方法

1. 安装3ds Max 2013后，打开 3ds Max 2013，单击右下角的"Activate"按钮，在出现的对话框中单击"关闭"（图1-10）。

2. 重新打开3ds Max 2013，再次单击激活按钮，选择"I have an Activation code from Autodesk"（图1-11）。

3. 双击打开注册机xf-3dsMax_x64（或x32）（图1-12），在面板中单击"Patch"，再单击"Generate"（图1-13）。

4. 将测算出的数字使用快捷键粘贴到第二步中的输入框中，完成激活。

图1-12　选择打开注册机

图1-11　选择激活码

图1-13　测算注册码

1.3.3　语言转换

在开始菜单里面找到 3ds Max 2013的"Languages"文件夹，单击到"Autodesk 3ds Max 2013 64-bit-Simplified Chinese"，就可以转换到简体中文版了（图1-14）。

图1-14　语言转换

1.4　3ds Max 2013中文版界面介绍

难度等级
★☆☆☆☆

3ds Max 2013的界面布局与3ds Max 2010、2011、2012等以往版本的界面布局都是一样的，内容包括菜单栏简介、主工具栏简介、命令面板简介，以及卷展栏简介四个部分，操作界面比较复杂。

1.4.1 菜单栏简介

3ds Max 2013操作界面的菜单栏中主要提供了文件、编辑、工具、组、视图、创建、修改器、动画、图形编辑器、渲染、自定义、Max脚本（MAXScript）、帮助这13个菜单命令（图1-15），菜单栏中常用的命令含义如下。

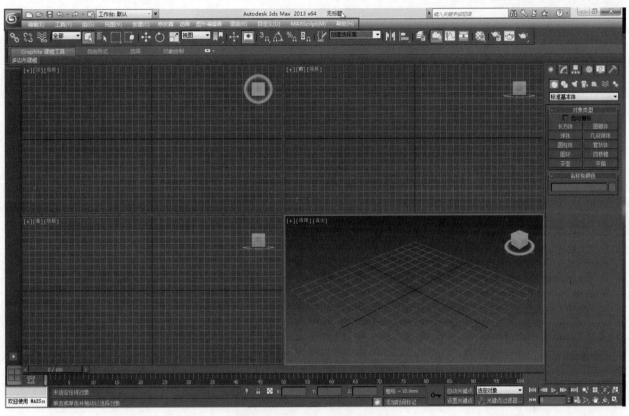

图1-15 3ds Max 2013操作界面

1. 文件菜单。文件菜单中包含了使用3ds Max文件的各种命令，使用这些命令可以创建新场景，打开并保存场景文件，也可以导入对象或场景（图1-16）。

2. 编辑菜单。编辑菜单包含从错误中恢复的命令、存放、取回的命令，以及几个常用的选择对象命令（图1-17）。

3. 工具菜单。工具菜单主要包含场景对象的操作命令，如阵列、对齐、快照等，以及管理操作命令（图1-18）。

图1-16 文件菜单

图1-17 编辑菜单　　　　图1-18 工具菜单

4. 组菜单。组菜单中包含成组、解组、打开组、关闭组、附加组、分离组、炸开组、集合命令，主要是对场景中的物体进行管理（图1-19）。

5. 创建菜单。创建菜单主要包括各种对象的创建命令，3ds Max 2013所提供的各种对象类型都可以在该菜单中找到（图1-20）。

6. 修改器菜单。修改器菜单中主要包含的是3ds Max 2013中的各种修改器，并对这些修改器进行了分类（图1-21）。

7. 动画菜单。动画菜单中主要包含各种控制器、动画图层、骨骼，以及其他一些针对动画操作的命令（图1-22）。

8. 渲染菜单。渲染菜单主要包含与渲染有关的各种命令，3ds Max 2013的环境、效果、材质编辑器等都包含在该菜单中（图1-23）。

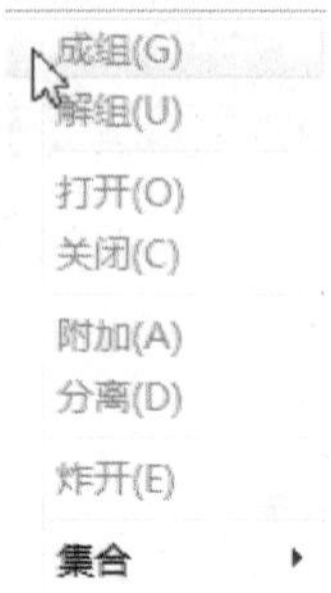

| 加载动画… |
| 保存动画… |

| IK 解算器(I) | ▶ |
| 约束(C) | ▶ |

渲染	Shift+Q
渲染设置(R)…	F10
渲染帧窗口(W)…	

变换控制器(T)	▶
位置控制器(P)	▶
旋转控制器(R)	▶
缩放控制器(S)	▶
动画 - CAT	▶
模拟 - MassFX	▶

| 状态集… |
| 曝光控制… |
| 环境(E)… | 8 |
| 效果(F)… |
| 渲染到纹理(T)… | 0 |
| 渲染曲面贴图… |

选择(S)	▶
面片/样条线编辑(P)	▶
网格编辑(M)	▶
转化	▶
动画(A)	▶
Cloth	▶
Hair 和 Fur	▶
UV 坐标(U)	▶
缓存工具(C)	▶
细分曲面(B)	▶
自由形式变形器(F)	▶
参数化变形器(D)	▶
曲面(R)	▶
NURBS 编辑(N)	▶
光能传递(D)	▶
摄影机	▶

标准基本体(S)	▶
扩展基本体(X)	▶
AEC 对象	▶
复合	▶
粒子	▶
面片栅格	▶
NURBS	▶
动力学	▶
mental ray	▶
图形(H)	▶
扩展图形	▶
灯光(L)	▶
摄影机(C)	▶
辅助对象	▶
空间扭曲	▶
系统	▶

| 成组(G) |
| 解组(U) |
| 打开(O) |
| 关闭(C) |
| 附加(A) |
| 分离(D) |
| 炸开(E) |
| 集合 | ▶ |

参数编辑器…	Alt+1
参数收集器…	Alt+2
关联参数(W)	
动画层…
反应管理器…
骨骼工具…
设为蒙皮姿势
采用蒙皮姿势
蒙皮姿势模式
切换限制
删除选定动画
穿行助手…
Autodesk 动画存储…

| 材质编辑器 | ▶ |
| 材质/贴图浏览器(B)… |
| 材质资源管理器… |
| 视频后期处理(V)… |
| 查看图像文件(V)… |
| 全景导出器… |
| 批处理渲染… |
| 打印大小助手… |
| Gamma/LUT 设置… |
| 渲染消息窗口… |
| RAM 播放器(P)… |

图1-19　组菜单 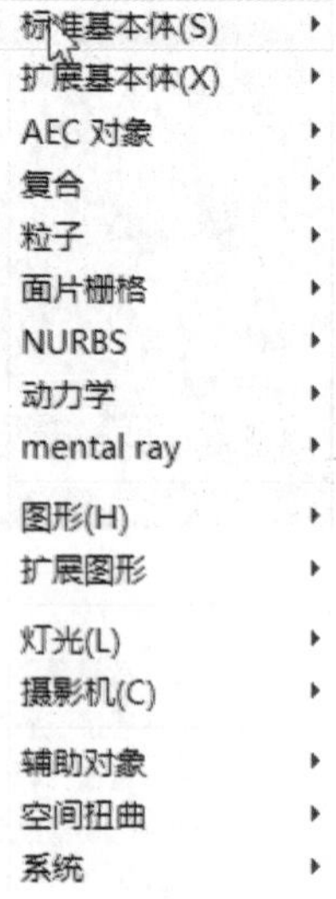　　图1-20　创建菜单 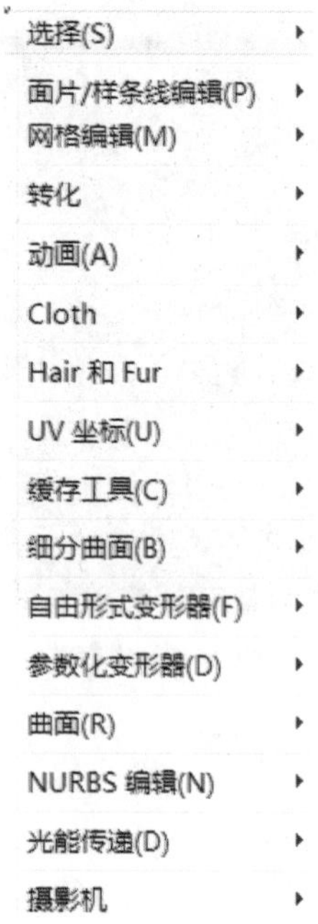　　图1-21　修改器菜单 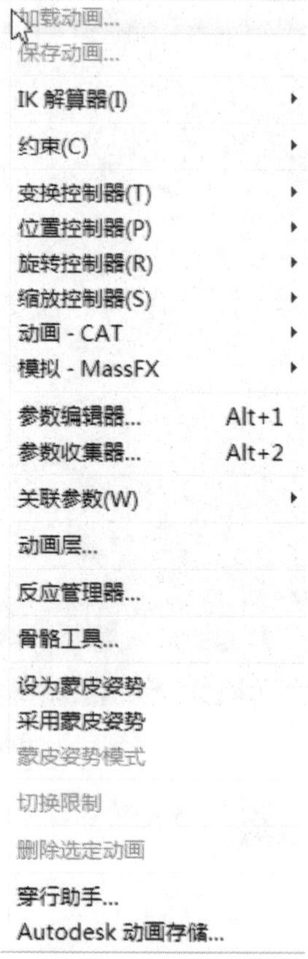　　图1-22　动画菜单 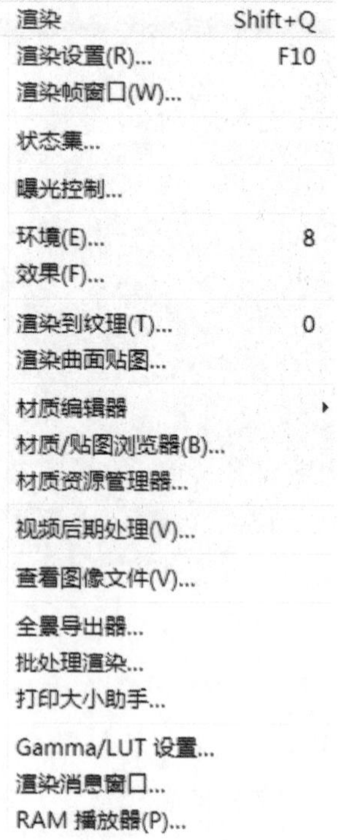　　图1-23　渲染菜单

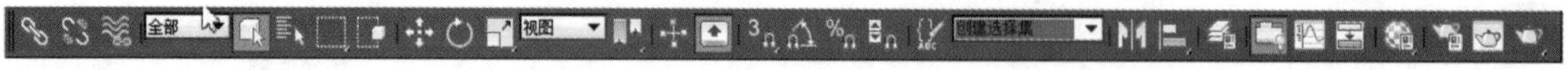

图1-24　工具栏

1.4.2 主工具栏简介

主工具栏是整个3D制作时用得最多的工具栏，该工具栏包含一些常用的命令及相关的下拉列表选项，使用时，可以在工具栏中单击相应的按钮快速执行命令（图1-24）。

单击主工具栏左端的两条竖线并拖动，可以使其脱离界面边缘而形成浮动工具窗口（图1-25）。

如果主工具栏中的工具按钮含有多种命令类型，则单击该按钮不放，会弹出相应的下拉工具选项（图1-26）。

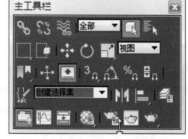

图1-25　浮动工具窗口

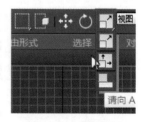

图1-26　工具选项

1.4.3 命令面板简介

命令面板位于3ds Max 2013操作界面的右侧，该面板包含创建、修改、层次、运动、显示、实用工具这6个命令类型（图1-27），如层次命令面板（图1-28）、显示命令面板（图1-29）。命令面板中主要命令类型的含义如下。

1. 创建命令。创建命令面板可以为场景创建对象，这些对象可以是几何体，也可以是灯光、摄影机或空间扭曲之类的对象。

2. 修改命令。修改命令面板中的参数对更改对象十分有帮助，除此之外，在修改面板中还可以为选定的对象添加修改器。

图1-27 命令面板　　图1-28 层次命令面板　　图1-29 显示命令面板

3. 层次命令。层次命令面板包括三类不同的控制项集合，通过面板顶部的3个按钮可以访问这些控制项。

4. 运动命令。运动命令面板与层次命令面板类似，具有双重特性，该面板主要用于控制对象的一些运动属性。

5. 显示命令。显示命令面板控制视口内对象的显示方式，还可以隐藏、冻结对象并修改所有的显示参数。

6. 工具命令。工具命令面板中包含一些实用的工具程序，单击面板顶部的更多按钮可以打开显示其他实用工具列表的对话框。

图1-30 卷展栏

1.4.4 卷展栏简介

在3ds Max中，大多数的参数通常都会按类别分别排列在特定的卷展栏下，操作时可以展开或卷起这些卷展栏来查看相关的参数（图1-30）。进入显示命令面板，在面板中列出了6个卷展栏，此时这些卷展栏都处于卷起状态。用鼠标单击这些卷展栏的题标就会展开卷展栏，显示其中的相关参数（图1-31）。

图1-31 卷展栏展开

1.5 3ds Max 2013视口布局

3ds Max 2013的默认视口布局能够满足大多数用户的操作需要，但如果用户有特殊要求，也可通过自定义菜单来自定义视口布局。本节对视口布局、视口显示、视口显示类型，以及视口操作工具等的相关知识进行介绍。

1.5.1 视口的布局

在视口左上角的"视口名称"处右击鼠标（图1-32），在弹出的菜单中选择"配置视口"命令（图1-33）。在开启的视口配置对话框中切换到"布局"选项卡，在"布局"选项中可以设置视口的布局方式，3ds Max 2013提供了14种布局方式（图1-34）。

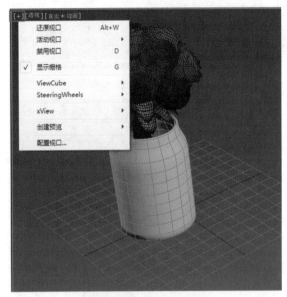

图1-32　选择视口命令

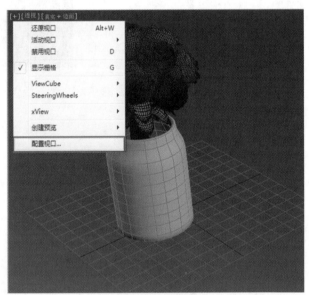

图1-33　单击配置视口

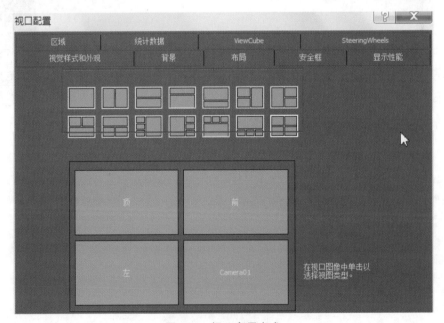

图1-34　视口布局方式

1.5.2　不同的视口显示类型

在每个视口左上角的"视口名称"处单击鼠标右键，在弹出的菜单中可以选择不同的视口显示方式，如左侧为1个大图，右侧为3个小图（图1-35）。

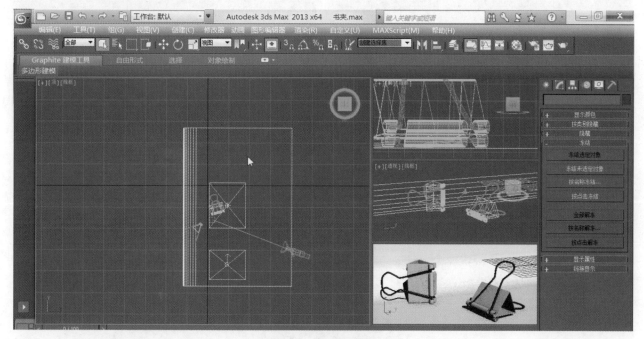

图1-35　视口显示类型

1.5.3　视口控件

在3ds Max 2013操作界面的右下角有针对视口操作的"视口工具"按钮，主要功能为8种，能控制视口的显示与变化方式，凡是右下角带有黑色小三角符号的按钮，表示这个按钮是按钮组，还有其他按钮隐藏在里面，按下鼠标左键保持1s不放，即可显示全部按钮（图1-36）。视口控件中各个按钮的含义依次如下。

图1-36　视口工具按钮

1. 缩放按钮。使用缩放工具可以对当前所选择的视口进行缩放控制。

2. 缩放所有视图按钮。使用该工具可以操作界面中所有的视口都进行缩放控制。

3. 最大化显示按钮。使用该按钮可以将当前激活视口中的对象最大化显示出来。

4. 所有视图最大化显示按钮。该按钮的功能与最大化显示按钮一样，只是它将视口中的对象都最大化显示。

5. 视野按钮。该按钮可以控制视口中的视野大小，当活动视口为正交、透视或用户三向投影视图时，有可能显示为缩放区域按钮。

6. 平移视图按钮。使用该按钮可以对视口进行平移操作。

7. 弧形旋转按钮。使用该按钮可以对视口进行各个方向的旋转操作。

8. 最大化视口切换按钮。使用该按钮可以在最大化视口与标准的视口之间进行切换。

1.5.4　其他视口操作命令

在视口操作命令中，除了以上这些外还有一些视口的操作命令。显示栅格命令可以控制是否在视口中显示背景的栅格线。如在视口中显示栅格效果（图1-37），或在视口中不显示栅格效果（图1-38），或在视口中显示安全框（图1-39）。显示安全框是指显示一个由3种颜色线条围成的线框（图1-40），最外侧的线框是渲染的边界，中间的线框为图像安全框，内部的线框为字幕安全框，超出安全框外的对象将不显示在最终渲染图像中。

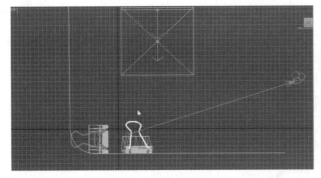

图1-37　显示栅格效果　　　　　　　　　　　　图1-38　不显示栅格效果

图1-39　显示安全框命令

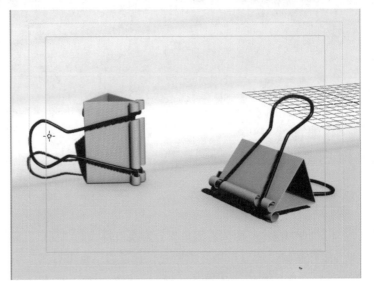

图1-40　安全框效果

第2章　基本三维建模

基本三维建模是3ds Max 2013中最简单、最基础的三维模型，是各种效果图建模的制作基础。基本三维建模虽然简单，但是也需要设置各种参数，控制尺寸大小，不能随意创建。在大多数复杂模型的创建初期，都是先用基本几何体组成雏形，再对其进行细致修改，基本几何体的创建可以在创建命令面板中的几何体类别下进行创建。

2.1　标准基本体

难度等级
★☆☆☆☆

标准基本体都有自身特定的参数，本节将对这些基本体的参数进行介绍。在创建面板中几何体类别下的对象类型卷展栏中，3ds Max 2013提供了10种标准基本体（图2-1）。

1. 使用频率最多的是长方体与圆柱体对象类型，其可以在场景中创建长方体或圆柱体对象，该对象包含长、宽、高、直径、半径、长度分段等参数（图2-2、图2-3）。

图2-1　标准基本体

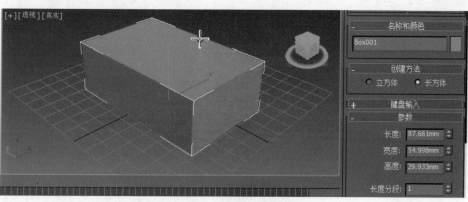

图2-2　创建长方体

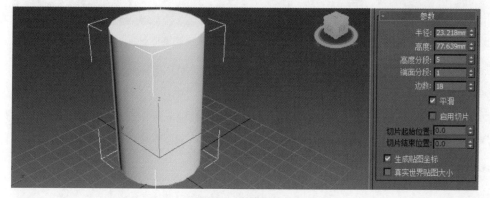

图2-3　创建圆柱体

2. 球体与几何球体对象类型可以在场景中创建球体与几何球体（图2-4），这两种类型都包含有半径、分段等参数，这是更改创建参数后的模型效果（图2-5）。

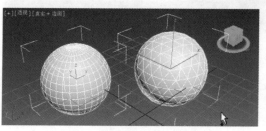

图2-4　创建球体与几何球体

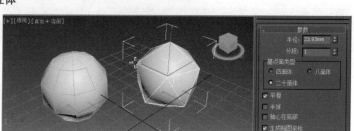

图2-5　修改球体与几何球体参数

3. 管状体对象类型可以在场景中创建管状体（图2-6），该对象类型包含半径、高度及边数等参数（图2-7）。

4. 圆锥体对象类型可以在场景中创建圆锥体（图2-8），该对象类型包含半径、高度、高度分段等参数（图2-9）。

5. 圆环对象类型可以在场景中创建圆环（图2-10），该对象类型包含半径、旋转、扭曲等参数（图2-11）。

6. 四棱锥对象类型可以在场景中创建四棱锥对象（图2-12）。

7. 平面是没有厚度的平面实体（图2-13），不同的分段值决定平面在长、宽上的分段。

8. 茶壶对象类型可以在场景中创建茶壶对象（图2-14），该对象类型由半径与分段参数决定其大小与表面光滑程度（图2-15）。

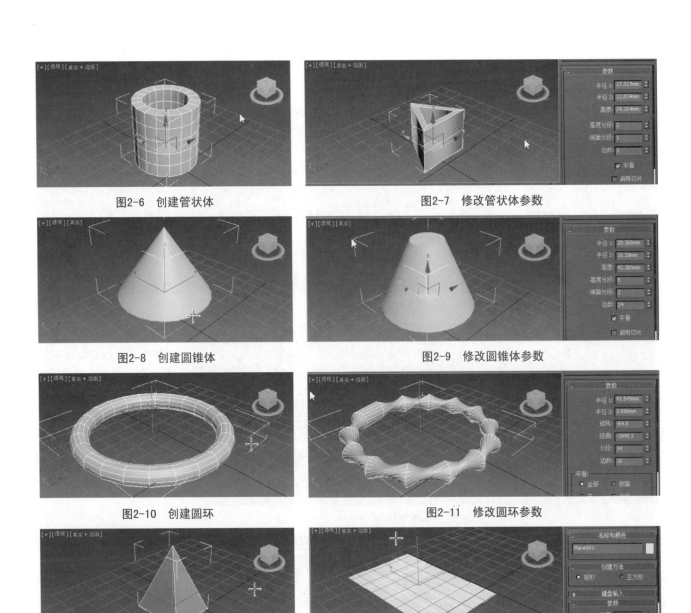

图2-6　创建管状体　　　　　　　　　　图2-7　修改管状体参数

图2-8　创建圆锥体　　　　　　　　　　图2-9　修改圆锥体参数

图2-10　创建圆环　　　　　　　　　　图2-11　修改圆环参数

图2-12　创建四棱锥　　　　　　　　　　图2-13　创建平面

图2-14 创建茶壶

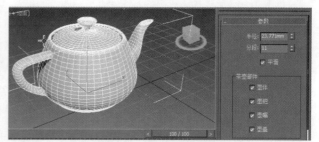

图2-15 修改茶壶参数

2.2 实例制作——简易茶几

难度等级
★☆☆☆☆

本节将根据上节内容制作一个简单的实例——简易茶几，具体操作步骤如下。

1. 新建一个场景，进入菜单栏，在自定义菜单中单击"单位设置"，将公制单位设为"毫米"，单击"系统单位设置"，将其也设为"毫米"（图2-16）。

2. 进入右侧的创建命令面板中"几何体类别"，展开对象类型卷展栏上方的下拉列表（图2-17），该列表中列出了可以创建的几何体类型，这里保持默认设置。

3. 单击"长方体"按钮，在透视视口中按住鼠标左键不放并拖动即可创建一个长方体，进入修改命令面板，可以设置长度、宽度、高度等参数，还能设置各向分段数据，调节其参数使其达到要求的设计尺寸（图2-18）。

图2-16 设置单位

图2-17 选择标准基本体

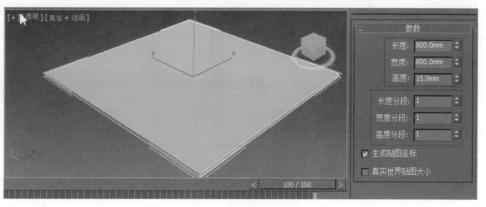

图2-18 创建长方体

4. 回到创建面板，如上创建一个圆柱体（图2-19）。

5. 进入修改命令面板，调节参数使其达到设计尺寸（图2-20）。

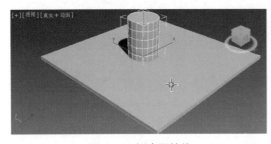

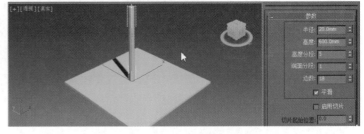

图2-19　创建圆柱体　　　　　　　　　　图2-20　修改圆柱体参数

6. 进入顶视图调节圆柱体的平面位置，单击"移动"工具，将圆柱体移动到相应位置。按住"Shift"键向X轴拖动圆柱体，将其复制到相应位置，单击"确定"。继续按住"Ctrl"键，同时选中两个圆柱体，向Y轴复制到相应位置，单击"确定"（图2-21）。

7. 选中长方体在前视图中将其移动到相应位置（图2-22）。

8. 回到创建命令面板单击"茶壶"按钮，创建一个茶壶（图2-23）。

9. 切换到修改命令面板，调整参数（图2-24）。

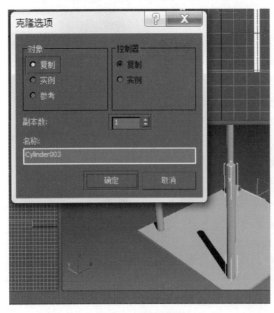

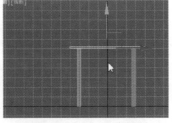

图2-22　移动长方体　　　　图2-23　创建茶壶

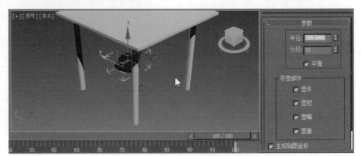

图2-21　复制圆柱　　　　　　　　　　　图2-24　修改茶壶参数

10. 利用"移动"工具，在前视图将其移动到相应位置（图2-25）。

11. 再次利用"移动"工具，在顶视图将其移动到相应位置（图2-26）。

12. 再次回到创建命令面板，单击"平面"按钮在地面创建出一个较大的平面（图2-27）。

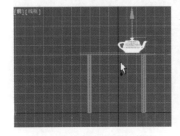

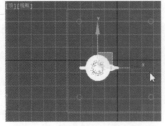

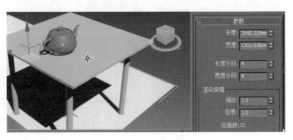

图2-25　前视图移动茶壶　　　图2-26　顶视图移动茶壶　　　　图2-27　创建平面

标准基本体是3ds Max中的传统几何体，虽然简单，从表面上看没有多大实用价值，但是标准基本体的创建速度快，成型精确，是制作装修效果图建模必不可少的工具，它主要用于建筑墙体、地面、吊顶、门窗等基础构造建模，对于标准基本体的运用应当特别熟练，反复、多次练习就能提高操作速度。

特别提示

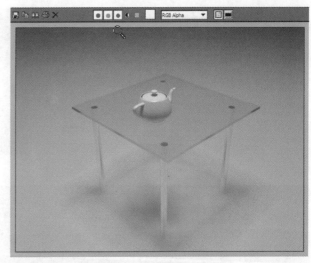

13. 调节平面长、宽尺寸，让其布满整个透视图。这样一个简易茶几就基本完成，再加上V-Ray灯光，赋予V-Ray材质，这样就完成了简易茶几的制作（图2-28），关于V-Ray材质与V-Ray灯光操作方法将在本书后面章节里作详细介绍。

图2-28 简易茶几渲染效果

2.3 扩展基本体

难度等级 ★☆☆☆☆

扩展基本体要比标准基本体具有更多的参数控制，能生成比基本几何体更为复杂的造型。3ds Max 2013提供了13种扩展基本体类型，可以根据不同的设计需要来选择相应的对象类型进行创建（图2-29）。

1. 异面体对象类型是在场景中创建异面体的对象，默认状态下创建的异面体（图2-30），该对象自身包含有5种形态，并且可以通过修改P、Q参数值调整模型的形态（图2-31）。

2. 环形结对象类型是扩展基本体中较为复杂的工具，默认情况下的模型效果并无实际意义（图2-32），但是可以修改模型参数，这是可以根据需要更改参数，这是更改参数后的环形结模型形态（图2-33）。

图2-29 扩展基本体

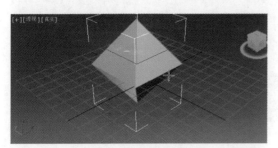

图2-30 创建异面体

图2-31 修改异面体参数

图2-32 创建环形结

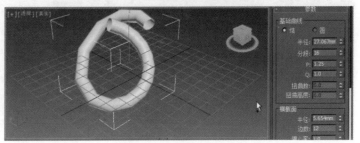

图2-33 修改环形结参数

3. 切角长方体对象类型可在场景中创建切角长方体（图2-34），该类型与长方体对象的区别在于前者能在边缘处产生倒角效果。

4. 切角圆柱体对象类型可在场景中创建圆角圆柱体（图2-35），"圆角"与"圆角分段"参数分别用来控制倒角的大小与分段数。

5. 油罐对象类型可在场景中创建两端为凸面的圆柱体（图2-36），"半径"参数用来控

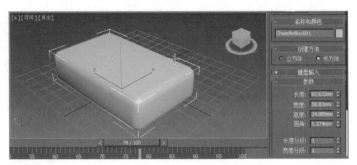

图2-34 创建切角长方体

制油罐的半径大小，该对象可勾选"启用切片"，启用切片后的效果很独特（图2-37）。

6. 胶囊对象类型可创建出类似药用胶囊形状的对象（图2-38）。

7. 纺锤对象类型可以创建出类似于陀螺形状的对象（图2-39）。

8. L-Ext对象类型可以创建类似L形状的

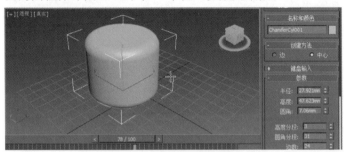

图2-35 创建圆角圆柱体

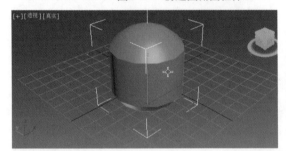

图2-36 创建凸面圆柱体

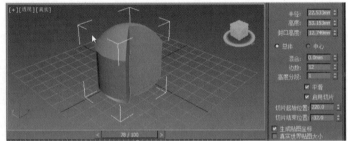

图2-37 修改凸面圆柱体参数

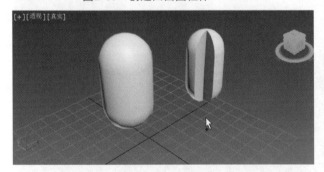

图2-38 创建胶囊

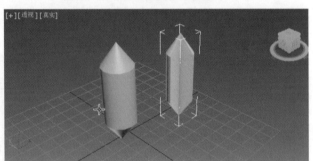

图2-39 创建纺锤

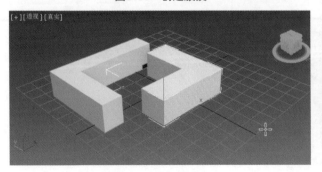

图2-40 创建L形状墙体

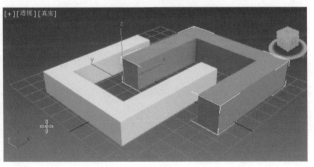

图2-41 创建C形状墙体

墙体对象（图2-40）。

9. C-Ext对象类型可以创建类似C形状的墙体对象（图2-41）。

10. 球棱柱对象类型的圆角参数可以创建出带有圆角效果的多边形（图2-42）。

11. 环形波对象类型可以创建一个内部有不规则的波形的环形（图2-43）。

12. 软管对象类型可以创建出类似于弹簧的软管形态对象，但不具备弹簧的动力学属性（图2-44）。

13. 棱柱对象类型可以创建出形态各异的棱柱（图2-45）。

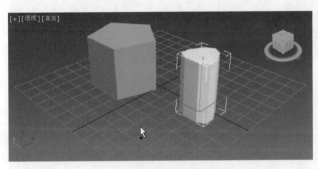

图2-42　创建圆角多边形

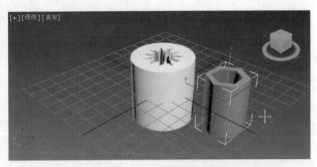

图2-43　创建不规则波形环形

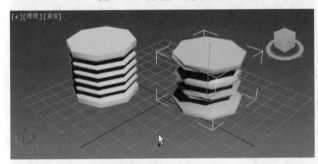

图2-44　创建弹簧软管

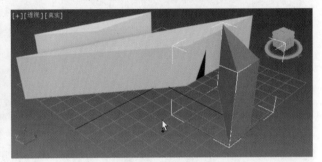

图2-45　创建棱柱

2.4　实例制作——沙发

难度等级
★★☆☆☆

本节示范利用切角长方体制作沙发，具体操作步骤如下。

1. 新建一个场景，进入"自定义"菜单中的"单位设置"，将公制单位设为"毫米"，单击"系统单位设置"，将其也设为"毫米"。

2. 进入创建面板选择"扩展基本体"中的"切角长方体"，创建一个切角长方体。进入修改面板，将其参数调整为需要的数值（图2-46）。

3. 进入前视图，使用"移动"工具按住"Shift"键将其向上复制一个长方体。（图2-47）。

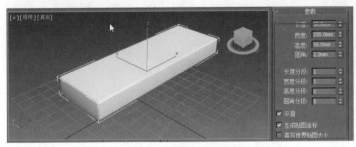

图2-46　创建切角长方体

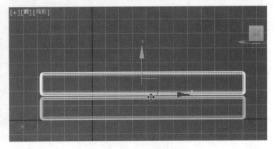

图2-47　复制长方体

4. 设置复制的切角长方体各项参数（图2-48）。

5. 进入前视图，使用"移动"工具，将其移动到与下面的切角长方体左边缘对齐的位置，再将其向右复制两个（图2-49）。

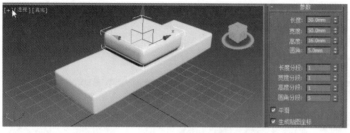
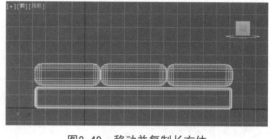

图2-48　修改复制的切角长方体参数　　　　　图2-49　移动并复制长方体

6. 在顶视图创建一个切角长方体为扶手（图2-50）。

7. 修改其参数（图2-51），再将其复制到右边。

8. 再在顶视图创建一个切角长方体为靠背（图2-52）。

9. 修改其参数（图2-53）。

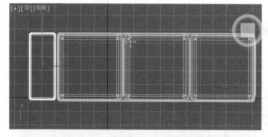
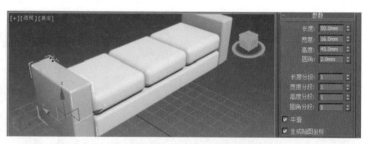

图2-50　创建切角长方体为扶手　　　　　图2-51　修改扶手参数并复制

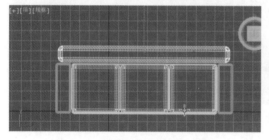
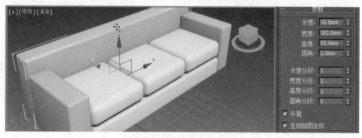

图2-52　创建切角长方体为靠背　　　　　图2-53　修改靠背参数

10. 按住鼠标左键框选所有切角长方体，在修改命令面板右上角为对象选择同一颜色（图2-54）。这样，沙发就制作完成了，最后将其附上材质贴图，效果就变得很真实了（图2-55）。

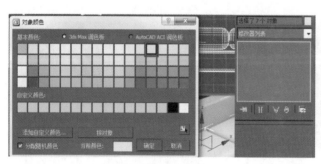

图2-54　选择颜色　　　　　图2-55　沙发渲染效果

第3章 二维转三维建模

二维转三维也是3ds Max 2013中的创建模型方法，先创建二维线条，对二维线条进行修改调节后，再运用修改器转换成三维模型，多适用弧形或曲面体模型，属于比较复杂的三维模型，其形体变化自由，后期可以任意修改，适用面非常广。

3.1 二维形体

难度等级
★★☆☆☆

3.1.1 标准二维图形

二维图形是由1条或多条曲线组成的对象，在3ds Max 2013中可将图形转换为三维模型，图形的创建可在创建命令面板的二维图形类别下进行。在3ds Max 2013中，一般二维图形都可称为样条线，主要提供了11种样条线，下面就介绍主要的二维图形。

1. 线对象类型是最简单的二维图形，可以使用不同的拖动方法，创建不同形状的线，如直接在视图区单击两个点就能创建直线（图3-1）。如果在单击点的时候还同时拖动鼠标，就能创建弧线，也可以先创建直线，再将直线修改成弧线。

2. 矩形对象类型由长、宽、高、角半径等参数控制其形态，不同参数值下的形状不同（图3-2）。

3. 椭圆对象类型由长度与宽度参数来控制，而圆与圆环由半径来控制，可以利用这3种类型来创建不同的效果（图3-3）。

4. 弧对象类型可以创建出圆弧与扇形，而使用螺旋线对象类型则可以创建平面或3D空间的螺旋状图形。这是弧与螺旋线的效果（图3-4）。

5. 多边形对象类型可以创建出任意边数或顶点的闭合几何多边形（图3-5）。

6. 星形对象类型可以创建出任意角度的完整闭合星形，星形角的数量可以随意设置（图3-6）。

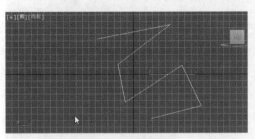

图3-1 创建直线

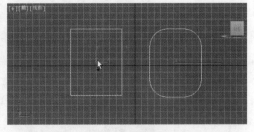

图3-2 创建矩形

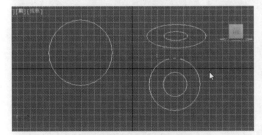

图3-3 创建圆与圆环

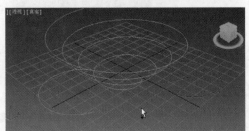

图3-4 创建圆弧与扇形

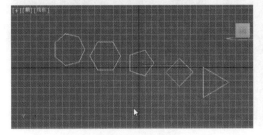

图3-5 创建多边形

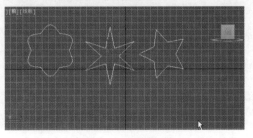

图3-6 创建星形

7. 文本样条线对象类型是在场景中创建二维文字的工具，在创建面板的图形类别下选择"文本"类型，面板下面显示出参数卷展栏（图3-7）。在文本框中输入内容"3ds Max 2013"，在前视图中单击鼠标左键，即可在该视口中创建文本对象（图3-8）。文字的修改面板与Word里面的调节相似，可以根据需要设置参数进行调节（图3-9）。

图3-7　文字卷展栏

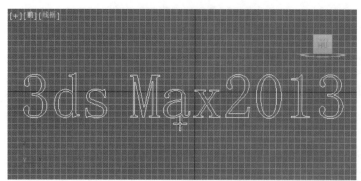
图3-8　创建文本对象

图3-9　设置参数

3.1.2　从三维对象上获取二维图形

截面是基本二维图形中比较特殊的一种图形，该类型可以从三维对象上获取二维图形，截面形状是指平面穿过三维对象时所形成的边缘截面。

1. 打开本书光盘中的"第3章\健身器.max"文件（图3-10）。

2. 单击"截面"按钮，再在前视图中创建一个截面图形，并适当调节其位置（图3-11）。

3. 在图形的修改面板中单击"创建图形"，在弹出对话框文本框中输入"截面"（图3-12）。

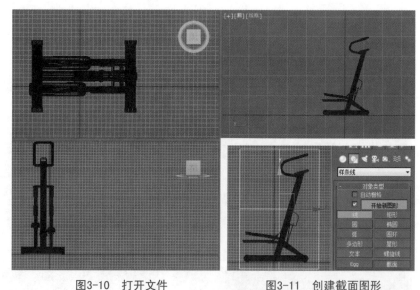
图3-10　打开文件　　　图3-11　创建截面图形

4. 选择创建的截面并隐藏未选中对象，此时，在视口中可看到通过截面图形创建的截面形态（图3-13）。

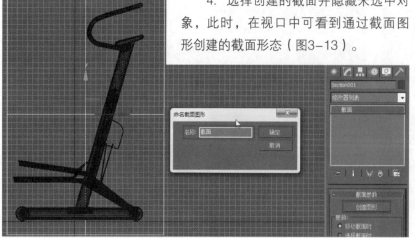
图3-12　图形命名

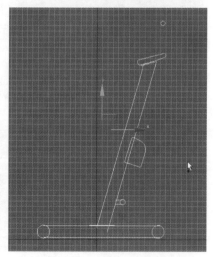
图3-13　创建完毕的截面形态

3.1.3 扩展二维图形

1. 矩形封闭图形与圆环类似，只不过它是由两个同心矩形组成的，利用该类型可以在视口中创建矩形墙（图3-14）。

2. 通道对象类型可以创建C形的封闭图形，并可以控制模型的内部及外部转角的圆角效果（图3-15）。

3. 角度对象类型可以创建一个L形的封闭图形，也可以控制内部及外部转角的圆角效果（图3-16）。

4. T形对象类型可以创建一个T形的封闭图形，而宽法兰对象类型可创建一个工字形的封闭图形（图3-17）。

二维形体创建后需要经过添加修改器、放样等操作才能变成三维形体，满足设计要求。

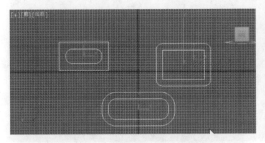

图3-14 创建矩形封闭图形

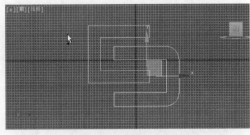

图3-15 创建C形封闭图形

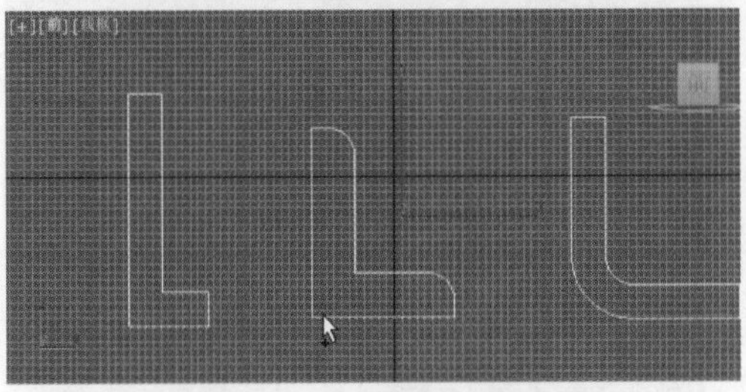

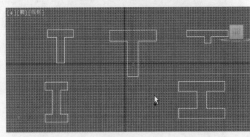

图3-16 创建L形封闭图形

图3-17 创建T形与工字形封闭图形

3.2 线的控制与编辑样条线

3.2.1 线的控制

线的控制是通过利用修改器对已创建的线对象进行调节与变形，通过这些调节与变形就可以得到需要的设计图形，从而进一步生成三维形体。

1. 进入创建面板单击"线"按钮，在顶视图中创建一条封闭的线（图3-18）。

2. 进入修改面板展开"Line"级别，选择"顶点"，使用"移动"工具调节样条线中的点（图3-19）。

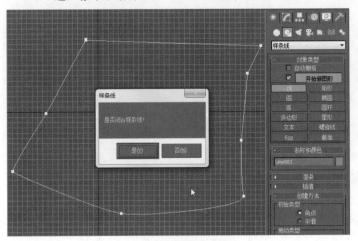

图3-18 创建封闭线

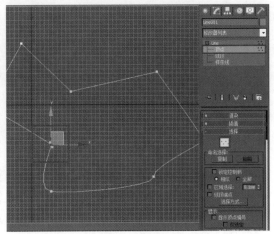

图3-19 调节点

3. 进入"线段"级别就可以对样条线中的线段进行调节（图3-20），进入"样条线"级别就可以对整个样条线进行调节。

4. 回到"顶点"级别，选择视图区中的某个"顶点"，单击右键弹出快捷菜单，单击"平滑"命令（图3-21）。

5. 这时，可以将该顶点转为平滑顶点（图3-22）。

6. 再次单击右键，选择"Bezier"命令，就可以将该顶点转为"Bezier顶点"，还可以运用顶点两边的控制杆对该顶点进行调节（图3-23）。

7. 单击右键，选择"Bezier角点"命

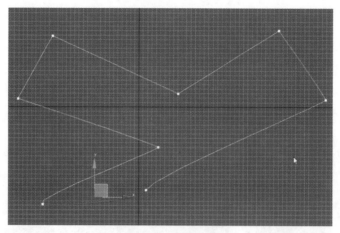

图3-20 调节线段

图3-21 修改顶点类型

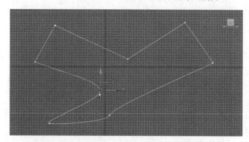

图3-22 转换平滑顶点

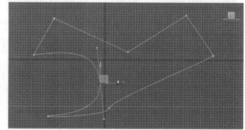

图3-23 转换Bezier顶点

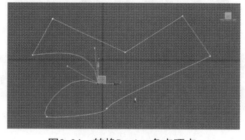

图3-24 转换Bezier角点顶点

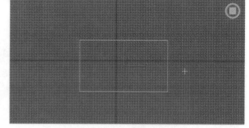

图3-25 创建矩形

令，可以将该顶点转为"Bezier角点"，也能通过调节控制杆对其进行调节，但是它与"Bezier"的区别是，"Bezier角点"顶点两端的控制杆是可以分开调节，互不干扰（图3-24）。

3.2.2 编辑样条线

编辑样条线是对一些不可进行编辑的样条线进行编辑的工具，运用这个修改工具可以做出各种各样的样条线，编辑样条线的运用步骤如下。

图3-26 编辑样条线

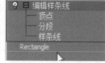

图3-27 调节样条线

1. 进入创建面板，进入"样条线"级别，在顶视图创建一个矩形（图3-25）。

2. 进入修改面板，只能调节其长、宽、角半径。现在点击菜单栏"修改器"中的"片面/样条线编辑"层级下的"编辑样条线"（图3-26）。

3. 回到修改面板，展开编辑样条线，就可以对其顶点、分段、样条线进行调节了（图3-27）。

3.3 二维形体修改器

3.3.1 "挤出"修改器——六角星

"挤出"修改器是将没有高度的二维图形挤出一定高度,让其成为三维图形。使用"挤出"修改器可以更方便地制作出三维几何体。

1. 在场景顶视图中创建一个二维图形(图3-28)。

2. 进入修改器命令面板,展开修改器列表(图3-29)。

3. 从列表中找到"挤出"修改器,并单击它(图3-30)。

4. 在挤出修改器的"数量"里面输入任意数值,如100(图3-31),挤出后形成三维六角星模型(图3-32)。

图3-28 创建六角形

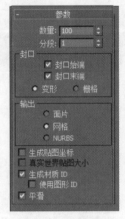

图3-29 展开修改器 图3-30 选择"挤出"修改器 图3-31 设置参数 图3-32 创建完毕

3.3.2 "车削"修改器——高脚杯

"车削"修改器是将二维图形沿着某个轴旋转成三维图形,本节以高脚杯为例进行示范,步骤如下。

1. 在前视图创建高脚杯形状的基本轮廓线(图3-33)。

2. 进入修改命令面板,对其顶点进行调节(图3-34)。

3. 将顶点进行移动与变形调节到设计形状(图3-35)。

4. 进入样条线级别,在"轮廓"后面输入2.5(图3-36)。

5. 再次进入"顶点"层级,将杯口的两个顶点移动到同一平面上(图3-37)。

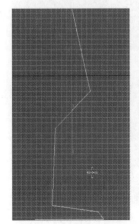

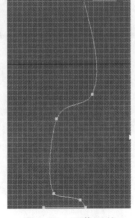

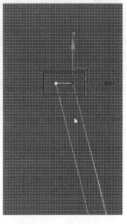

图3-33 创建基本轮廓线 图3-34 调节顶点 图3-35 调节形状 图3-36 设置轮廓参数 图3-37 调节顶点

6. 打开修改器列表，找到"车削"修改器单击左键（图3-38）。

7. 进入修改器打开"车削"层级，单击"轴"，这时就生成了高脚杯的模型，设置相应参数（图3-39）。

8. 回到透视图看其效果，如果仍有不足，可继续对其进行调节，直至符合设计要求为止（图3-40）。

 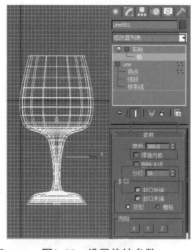

图3-38　添加"车削" 　　　图3-39　设置旋转参数
　　　　修改器

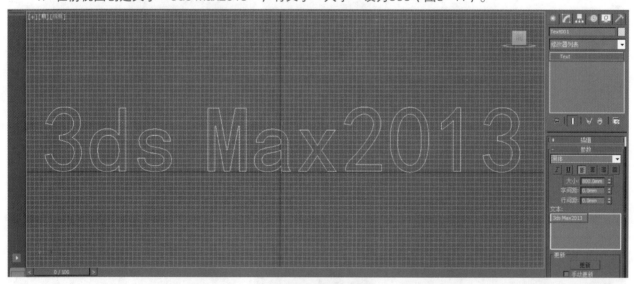

图3-40　创建完毕

3.3.3　"倒角"修改器——立体字

倒角是将物体尖锐的边缘倒平滑的修改器，本节以立体字为例做示范，步骤如下。

1. 在前视图创建文字"3ds Max2013"，将文字"大小"设为800（图3-41）。

图3-41　创建文字

2. 在修改器列表中为创建的文字添加一个"倒角"修改器（图3-42）。

3. 将下面"级别1"中"高度"设为100（图3-43）。

4. 勾选"级别2"，在里面也输入相应数值（图3-44）。

图3-42　添加"倒角" 　　图3-43　设置高度 　　图3-44　勾选
　　　　修改器 　　　　　　　　参数 　　　　　　　"级别2"

5. 这时会看到文字前面出现了倒角效果（图3-45）。

6. 渲染上不锈钢材质后的效果会显得很真实（图3-46）。

图3-45　生成倒角效果

图3-46　立体字渲染效果

3.3.4　"可渲染样条线"修改器——栏杆

"可渲染样条线"修改器是能将不可渲染的二维样条线变为可渲染三维模型的工具，这节以栏杆为例示范，操作步骤如下。

1. 先建立一个较大的平面（图3-47）。

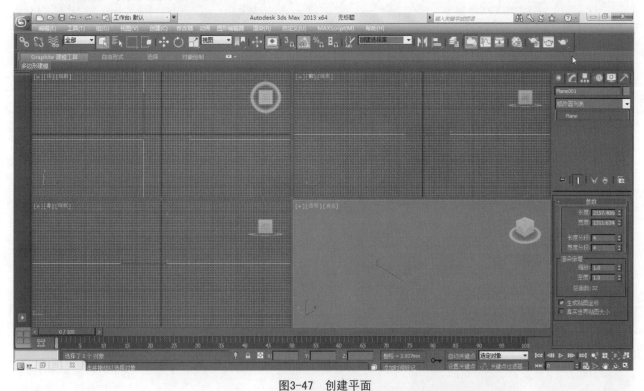

图3-47　创建平面

2. 在前视图中按住"Shift"键，分别绘制一条水平线与一条垂直线（图3-48）。

3. 分别给这两条线分别添加"可渲染样条线"修改器（图3-49）。

图3-48　绘制水平线与垂直线

图3-49　添加"可渲染样条线"修改器

4. 给水平线的"径向厚度"设为8（图3-50），垂直线的"径向厚度"设为4（图3-51）。

5. 在顶视图移动其位置（图3-52）。

6. 在顶视图将垂直线向右平行复制多个（图3-53）。

7. 调节位置，回到透视图，制作完成（图3-54）。

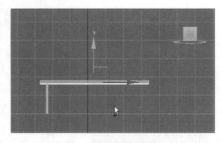

图3-50　设置水平线　图3-51　设置垂直线　　　　图3-52　移动位置

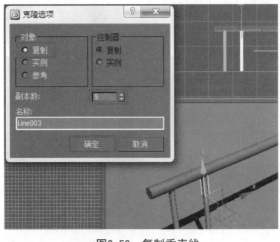

图3-53　复制垂直线

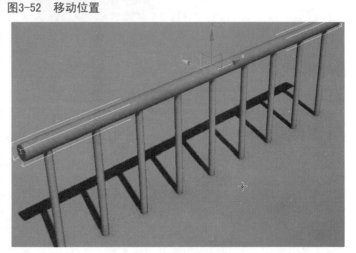

图3-54　栏杆创建完毕

3.3.5　"倒角剖面"修改器——马桶

本节以马桶的实例，介绍"倒角剖面"修改器，其中也会用到前面所讲到的修改器，具体步骤如下。

1. 新建场景，在顶视图创建一个矩形，将"长度"设为600，"宽度"设为500（图3-55）。

2. 进入修改面板，在图形名字上单击右键转为"可编辑样条线"（图3-56）。

3. 进入"顶点"级别，框选下部两个顶点，在修改面板中找到"圆角"命令（图3-57）。

4. 单击圆角命令，对着其中一个顶点，单击鼠标左键向上拖动，将其调整为设计形状（图3-58）。

5. 框选上部两个顶点将其调成设计形状（图3-59）。

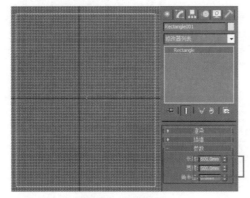  

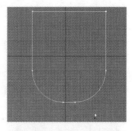

图3-58　调节下部顶点

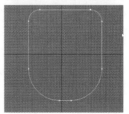

图3-55　创建矩形　　　　图3-56　转换"可编辑　图3-57　设置参数　图3-59　调节上部顶点
　　　　　　　　　　　　　　样条线"修改器

6. 进入前视图按"G"键取消栅格线，在前视图用"线"创建出一个马桶的轮廓（图3-60）。

7. 选择"矩形"，进入修改面板为其添加"倒角剖面"修改器（图3-61）。

8. 单击拾取马桶剖面，再单击在前视图上创建的马桶模型（图3-62）。

9. 单击屏幕最右下角的最大化视口切换，将前视图最大化显示，对马桶模型"样条线"进行调节，进入"顶点"级别，对顶点进行调节（图3-63）。

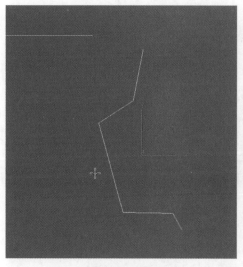

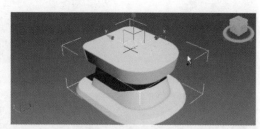

图3-62　创建马桶模型

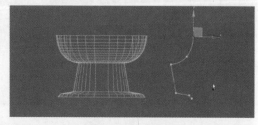

图3-60　创建马桶的轮廓　　　图3-61　添加"倒角剖面"修改器　　　图3-63　调节顶点

10. 选择马桶模型向上复制一个（图3-64）。

11. 单击复制的马桶模型，进入修改面板单击下面的"垃圾桶"按钮，删除"倒角剖面"修改器（图3-65）。

12. 现在剩下的只有矩形样条线，为其添加"倒角"修改器，修改参数（图3-66）。

13. 制作马桶水箱。进入前视图，创建一个矩形，并根据实际形体大小设置参数（图3-67）。

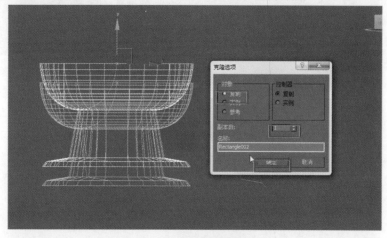

图3-64　复制马桶模型

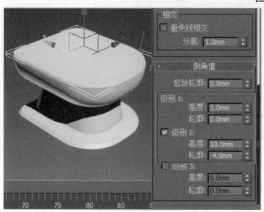
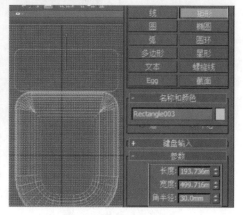

图3-65　删除"倒角　　　　　图3-66　添加"倒角"修改器　　　　　图3-67　制作马桶水箱
　　剖面"修改器

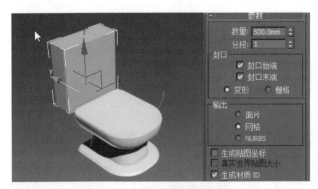

图3-68　添加"挤出"修改器

图3-69　复制矩形

14. 为其添加"挤出"修改器，挤出合适高度（图3-68）。

15. 将矩形向上复制一个，将复制模型的"挤出"修改器删除（图3-69）。

16. 为剩下的矩形添加"倒角"修改器，参数与马桶盖一致（图3-70）。

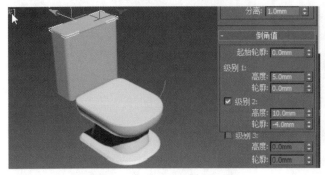

图3-70　添加"倒角"修改器

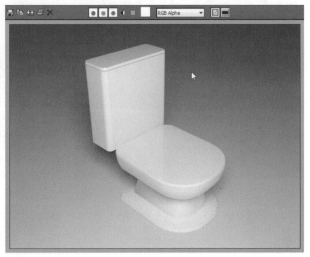

图3-71　马桶渲染效果

17. 最后将其移动位置，放置在合适的地方。这样马桶模型就创建完成，对其赋予材质，渲染后效果比较真实（图3-71）。

第4章 布尔运算与放样

> 布尔运算与放样是3ds Max 2013中的创建曲线体模型的基本方法，两者组合运用能创建各种常用的曲线体模型，在制作装修效果图中经常会用到这两种工具，创建速度快，占用内存少，模型性能稳定。

4.1 布尔运算

难度等级
★★☆☆☆

布尔运算是使用率非常高的复合对象形体方式，其使用方法比较简单。在本章，应该重点掌握各种布尔运算类型之间的差别，特别要注意差集运算类型的拾取顺序，不同的拾取顺序会产生不同的效果。布尔运算为用户提供了4种运算类型（图4-1）。

4.1.1 并集

并集可以将多个相互独立的对象合并为一个对象，并忽略两个对象之间相交的部分。在视口中分别创建相交在一起的长方体与圆柱体，此时这两个对象为相互独立的对象（图4-2）。选择圆柱体对象，在创建面板的下拉菜单中选择"复合对象"中的"布尔"，选择"并集"运算类型，拾取长方体对象，完成后两个对象就合并成一个对象（图4-3）。

图4-1 布尔运算面板

图4-2 并集之前

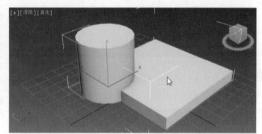

图4-3 并集完成

4.1.2 交集

交集用于两个连接在一起的对象，进行布尔运算能使两个对象的重合部分保留，而删除不重合的部分（图4-4）。还以前面的场景为例，选择圆柱体，再选择"交集"运算类型，然后拾取长方体（图4-5）。

4.1.3 差集（A-B）

差集（A-B）可以从一个对象上减去与另一个对象的重合部分，当两个物体交错放在一起，即能从圆柱体中减去长方体构造（图4-6）。

图4-4 选择交集

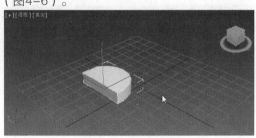

图4-5 交集完成

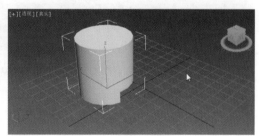

图4-6 差集（A-B）

4.1.4 差集（B-A）

差集（B-A）与差集（A-B）相反，即能从长方体中减去圆柱体（图4-7）。

以上4种是常用类型，还有4种切割运算类型是不常用的类型（图4-8），可以根据需要试用其效果，在"拾取布尔对象"卷展栏中包含了这些拾取类型（图4-9）。

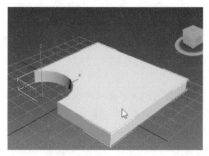

图4-7 差集（B-A）

图4-8 切割

图4-9 拾取类型

4.2 多次布尔运算

难度等级 ★★☆☆☆

进行多次布尔运算的时候很容易出现错误，因此需要将多个对象连接在一起，再进行一次布尔运算。

进行布尔运算时，如果连续拾取对象就会出现错误，如对场景中的长方体进行多次差集布尔运算（图4-10）。拾取第一个圆柱体对象后，当继续拾取第二个圆柱体对象的时候，可能会发现第一个拾取的圆柱体对象消失了（图4-11）。

遇到要对场景中的三个圆柱体进行布尔运算的情况时，就应该预先将三个圆柱体连接在一起，然后再进行一次布尔运算。可以选择场景中的一个圆柱体，将其添加"编辑多边形"修改器，选择其中的"附加"命令（图4-12），再依次单击场景中的另外两个圆柱体（图4-13），并再次单击"附加"按钮，这时三个圆柱体对象就成为一个整体了。最后选择长方体对三个圆柱体进行一次布尔运算（图3-14）。

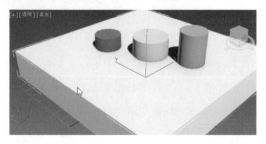

图4-10 多次布尔运算之前

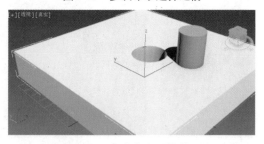

图4-11 多次布尔运算错误

图4-12 "附加"命令

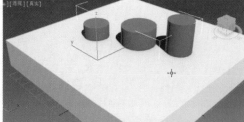

图4-13 依次单击圆柱体

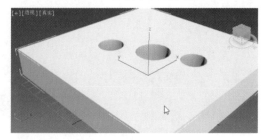

图4-14 布尔运算完成

4.3 放样

难度等级 ★★★☆☆

放样模型的原理较为简单，但是要熟练掌握也不容易，应该着重体会放样模型的操作方法。

4.3.1 基本放样操作

1. 打开场景模型，在前视图创建一条线，作为放样的路径，这条线可曲可直，也可以根据需要绘制其他二维图形（图4-15）。

2. 在该线的旁边创建另外一个图形为放样图形，如矩形（图4-16）。

3. 选中视图的线模型，进入创建命令面板，选择几何体的"复合对象"，再进一步选择"放样"命令（图4-17）。

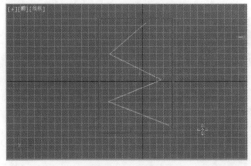

图4-15　创建线

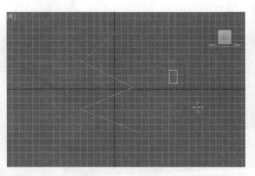

图4-16　创建矩形

图4-17　选择"放样"
命令

4. 在修改面板中单击获取图形，再单击前视图中的矩形（图4-18）。

5. 现在在前视图中观察，出现了一个全新的三维模型，这即是经过放样得到的模型（图4-19）。

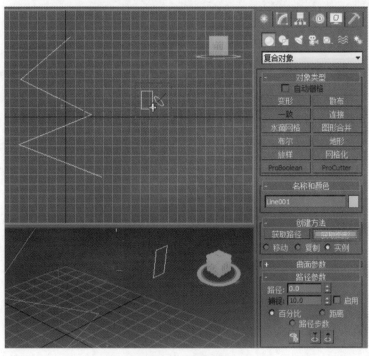

图4-18　获取图形

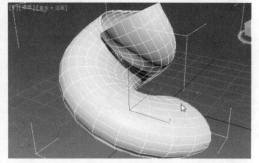

图4-19　放样完成

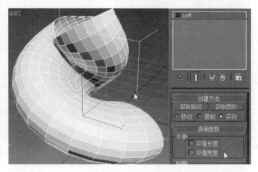

图4-20　体块效果

4.3.2　放样的参数

进行放样操作之后，进入修改命令面板，在该面板中可以通过设置参数，对放样对象进行进一步的修改。在"创建方法"卷展栏中，可以选择"获取图形"或"获取路径"，如果先选择的是图形，现在就要选择"获取路径"，如果先选择的是路径，现在就要选择"获取图形"。特别注意，模型的延伸方向为路径，模型的截面形状为图形。

"曲面参数"卷展栏主要控制放样对象表面的属性。"平滑"选项组中的"平滑长度"与"平滑宽度"能控制模型网格在经度与纬度两个方向上的平滑效果，初次放样后的模型都比较平滑。取消勾选"平滑"选项组中的这两个复选框，就变成体块效果了（图4-20）。

在"蒙皮参数"卷展栏中，选项组中的"图形步数"与"路径步数"是用于控制放样路径与放样图形的分段数。如果将"图形步数"与"路径步数"都设为0，就变成多边形几何体（图4-21），将以上两个参数修改为15，就变得特别圆

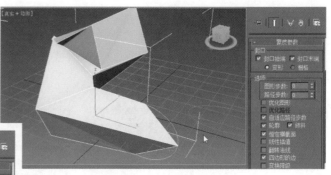

图4-21　多边形效果

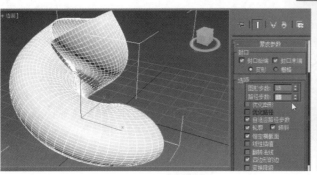

图4-22　圆滑效果

图4-23　变形方式

滑（图4-22）。

"变形"卷展栏包括缩放、扭曲、倾斜、倒角、拟合5种变形方式（图4-23）。其后会通过案例介绍具体操作方法。

4.4　放样修改

难度等级
★★★☆☆

本节是通过结合前面的内容对已建好的放样图形进行精致修改。

1. 在视口中运用放样的方法创建的圆柱体，在前视图创建"直线"为路径，在顶视图创建"圆形"为图形（图4-24）。

2. 进入修改命令面板，打开"Loft"卷展栏，单击"路径"，这时就会在下面出现"路径命令"卷展栏，可以对该放样模型的路径进行重新修改（图4-25）。

3. 进入"Line"的"顶点"层级，选择顶点，可以对其进行弯曲编辑（图4-26）。

4. 再运用上节内容对其设置参数，直至达到需要的设计效果（图4-27）。

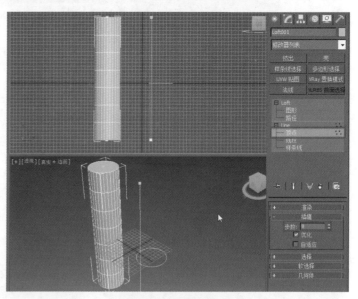

图4-24　创建圆柱体

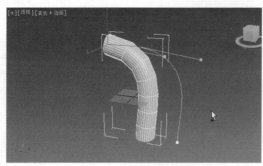

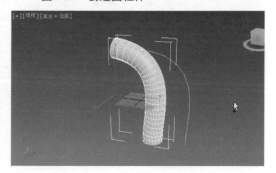

图4-25　选择路径　　　　　图4-26　弯曲编辑　　　　　图4-27　弯曲编辑完毕

4.5　放样变形

基础篇

难度等级
★★★☆☆

4.5.1　缩放变形

1. 在顶视图中创建直线与任意图形进行放样（图4-28）。

2. 进入修改命令面板，展开"变形"卷展栏，单击"缩放"变形器按钮，就会弹出"缩放变形"的修改框（图4-29）。

3. 移动其中的修改点，观察视图中图形的变化（图4-30）。

4. 在该条控制线上插入角点，再对其进行控制变形（图4-31）。

5. 将控制点变为"Bezier-角点"进行进一步调节（图4-32）。

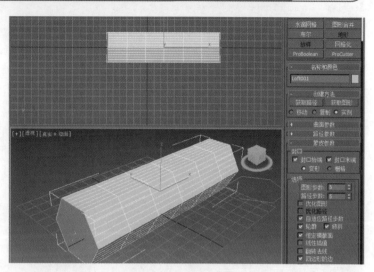

图4-28　创建放样形体

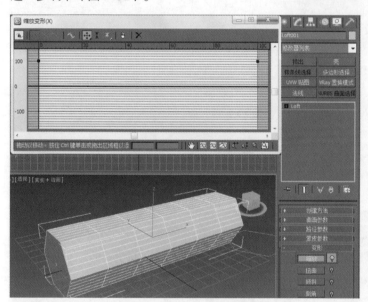

图4-29　打开"缩放"变形器

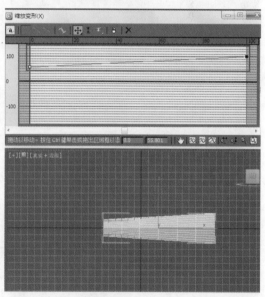

图4-30　移动修改点

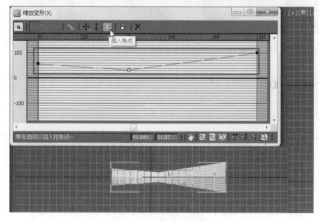

图4-31　插入角点

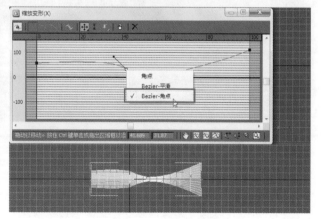

图4-32　改为Bezier-角点

4.5.2 扭曲变形

将"扭曲"变形后面的"灯泡"取消点亮，再单击"扭曲"变形器，就会弹出"扭曲变形"修改框，调节控制点，透视图中的模型就会发生相应的扭曲变化（图4-33）。

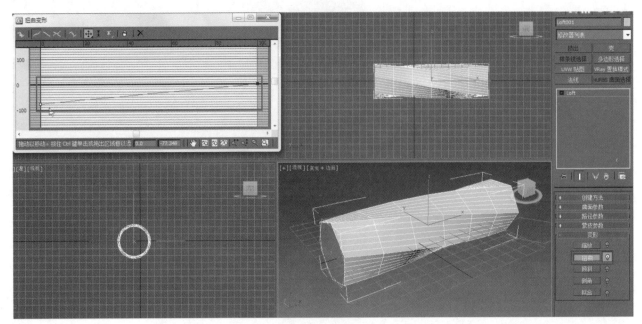

图4-33 扭曲变形

4.5.3 倾斜变形

将"扭曲"变形后面的"灯泡"取消点亮，再单击"倾斜"变形器，就会弹出"倾斜变形"的修改框，调节控制点，透视图中的模型就会发生相应的倾斜变化（图4-34）。

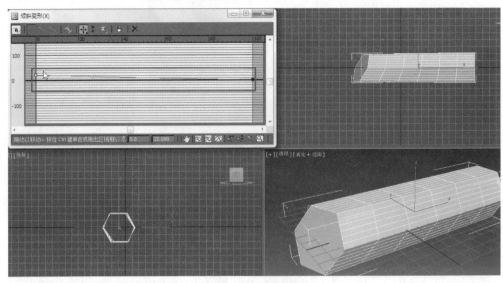

图4-34 倾斜变形

4.6 实例制作——洁面乳包装

难度等级
★★★☆☆

本节将利用上述放样的相关知识，制作洁面乳包装的模型，具体操作步骤如下。

1. 新建场景，在前视图中创建"直线"与"圆"（图4-35）。

2. 使用放样获取"圆"图形，形成圆柱体（图4-36）。

3. 进入修改命令面板，打开"变形"卷展栏，选择"缩放"变形器（图4-37）。

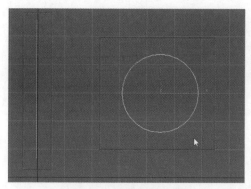

图4-35　创建直线与圆

4. 在修改框中插入两个角点，并关闭工具栏的第一个束缚XY轴的"均衡锁"（图4-38）。

5. 默认是只束缚"X"轴，移动角点位置，将中间两个角点转为"Bezier-平

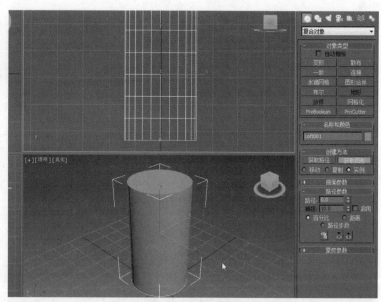

图4-36　放样成圆柱体

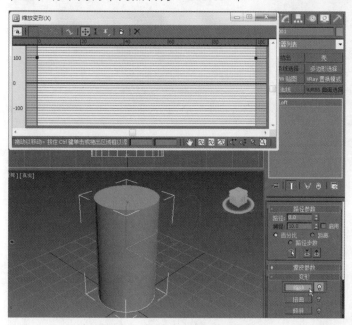

图4-37　打开"缩放"变形器

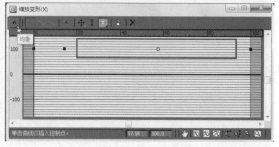

图4-38　插入角点

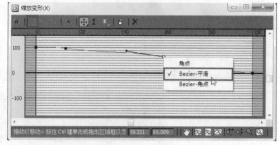

图4-39　改为"Bezier-平滑"

滑"，将最右边的点转为"Bezier-角点"（图4-39）。

6. 将束缚轴改为"Y"轴，移动角点的位置，并将中间两个角点转为"Bezier-平滑"，将最右边的点转为"Bezier-角点"（图4-40）。

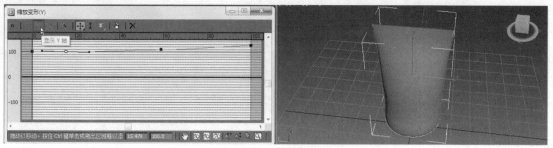

图4-40　显示Y轴修改

7. 在前视图重新创建两条线（图4-41）。

8. 以这两条线为路径，以上面的圆为图形，分别进行放样（图4-42）。

9. 调节两个小圆柱的位置，这样就完成了洁面乳包装的基本模型（图4-43）。

10. 将此模型进行贴材质与灯光后的效果（图4-44）。

图4-41　创建线条

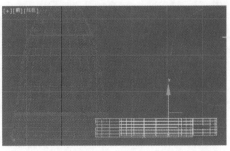

图4-42　放样

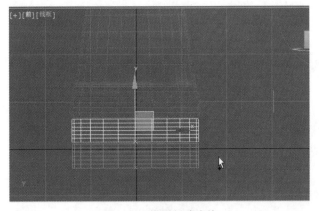

图4-43　模型创建完毕

图4-44　洁面乳包装渲染效果

4.7　实例制作——窗帘

难度等级
★★★☆☆

本节将利用放样的图形的对齐方式制作窗帘模型，具体操作步骤如下。

1. 新建场景，在顶视图中创建一条曲线并击右键，将所有的点改为"平滑"角点，在前视图中创建一条线（图4-45、图4-46）。

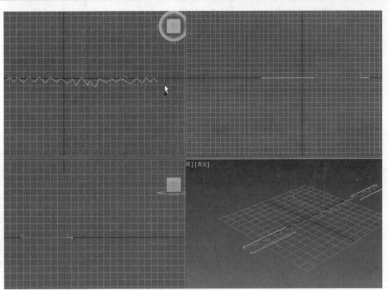

图4-45　创建线条

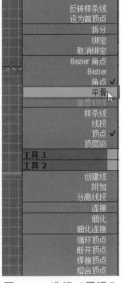

图4-46　选择"平滑"角点

2. 选择曲线进行放样，以直线为路径，以曲线为图形（图4-47）。

3. 进入修改命令面板，打开"变形"卷展栏，打开"缩放"变形器，插入角点并调节位置（图4-48）。

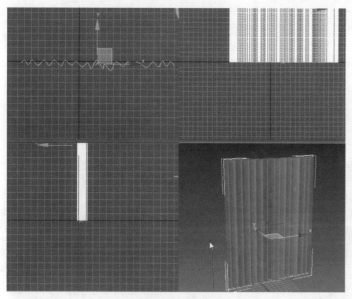

图4-47　放样

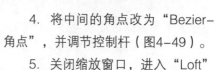

图4-48　打开"缩放"变形器

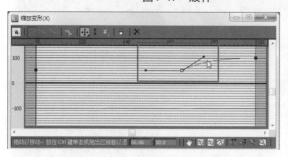

图4-49　改为"Bezier-角点"

图4-50　选择图形

4. 将中间的角点改为"Bezier-角点"，并调节控制杆（图4-49）。

5. 关闭缩放窗口，进入"Loft"中的"图形"层级（图4-50）。

6. 在透视图中单击窗帘模型下部的曲线，并选中（图4-51）。

7. 在修改面板下方，"图形命令"卷展栏中有6种对齐方式，选择"左"（图4-52）。

图4-51　单击下部曲线

8. 退出"图形"层级，回到"Loft"层级，将窗帘向左复制一个，并在"X"轴镜像（图4-53）。这样，窗帘的模型就做好了，再将其附上材质贴图，就可以直接在效果图场景中运用了。

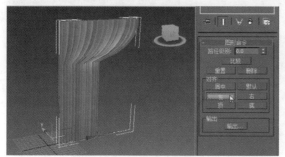

图4-52　选择左对齐

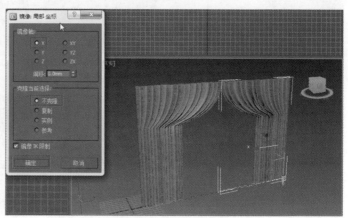

图4-53　选择"X"轴镜像

第5章　对象空间修改器

对象空间修改器种类很多，是3ds Max 2013中修改模型的工具，制作装修效果图所需要掌握的修改器并不多，主要有编辑网格、网格平滑、壳、阵列、FFD等，这些修改器需要深入学习，灵活运用，才能满足后期实践需要。

5.1　编辑网格修改器

难度等级
★★☆☆☆

"编辑网格"修改器能对物体的点、线、面进行编辑，使其达到更精致的效果。

1. 在场景中创建一个长方体，给其添加"编辑网格"修改器（图5-1）。

2. 展开"编辑网格"卷展栏，就会出现5个层级，选择"顶点"层级，可以对顶点进行移动与变形（图5-2）。

3. 选择"边"层级，就可以对边进行编辑，下面的修改面板中还有很多可以编辑的方式，如"切角"命令（图5-3）。

4. 选择"面"层级，可以选择任何面的1/2三角面进行编辑（图5-4）。

5. 选择"多边形"层级，则是选择每个面进行独立编辑（图5-5）。

6. 选择"元素"层级，则是对每个单独的元素整体进行编辑，该场景元素仅为一个（图5-6）。

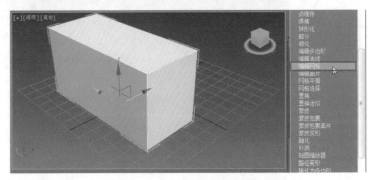

图5-1　添加"编辑网格"修改器

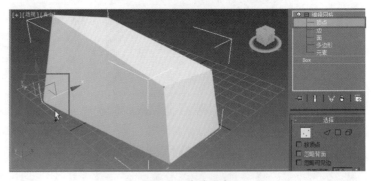

图5-2　移动顶点

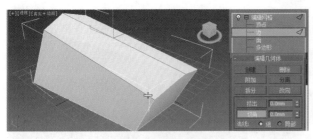

图5-3　选择"边"

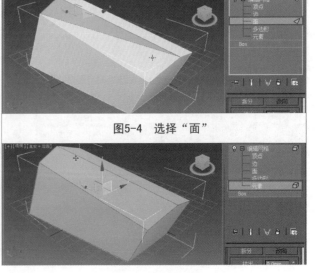

图5-4　选择"面"

图5-5　选择"多边形"

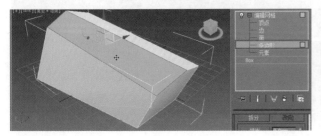

图5-6　选择"元素"

5.2 网格平滑修改器

"网格平滑"修改器是对网格物体表面棱角进行平滑的修改器。

1. 以上节的模型为例，选择物体，退回"编辑网格"层级，为其添加"网格平滑"修改器（图5-7）。

2. 将"细分量"卷展栏中的"迭代次数"设为2，该物体就会变成相对平滑的橄榄球状（图5-8）。这时应注意，"迭代次数"不能过高，最多一般设为3，设置过高计算机可能会停滞。

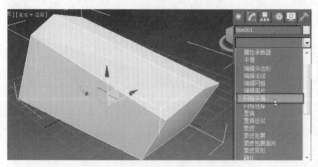

图5-7　添加"网格平滑"修改器

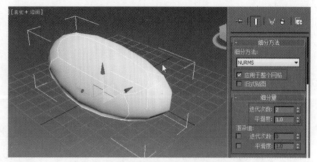

图5-8　变成相对平滑的橄榄球状

5.3 壳修改器

"壳"修改器是给壳状模型添加厚度的修改器，使单薄的壳体能迅速增厚，成为有体积的模型，这种修改方法在制作室内玻璃的时用得比较多。

1. 在场景中创建一个球体，并为其添加"编辑面片"修改器（图5-9）。

2. 选择"多边形"层级，并在前视图中选

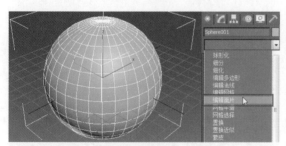

图5-9　添加"编辑面片"修改器

中上半部球面（图5-10）。

3. 按键盘上的"Delete"键删除上部表面（图5-11）。

4. 回到"编辑网格"层级，为其添加"壳"修改器（图5-12）。

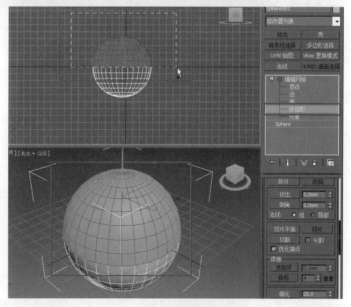

图5-10　选择上半球

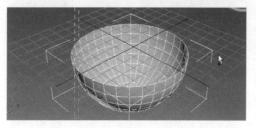

图5-11　删除上半球

图5-12　添加"壳"修改器

网格类修改器的种类较多，运用方法基本相同，都是给模型外表添加多条纵、横交错的线，让模型进一步细化，可以根据需要来调整模型的形态。

添加了网格类修改器的模型能作更精细的变形，但是对局部网格进行操作会花费不少时间，因此在装修效果图制作过程中，网格类修改器只是用于后期形体调整，不适合反复运用。

5. 通过调节"内部量"与"外部量"参数就能变化其内外的延伸厚度（图5-13），从而彻底改变模型的形态。

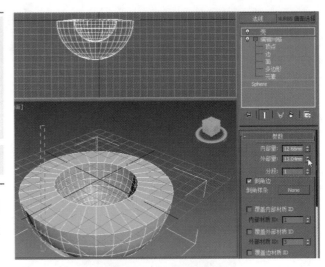

图5-13　调节内外厚度

5.4　实例制作——陶瓷花瓶

本节将结合前章内容的"编辑网格""网格平滑""壳"这三个修改器，制作陶瓷花瓶，具体操作步骤如下。

1. 新建场景，创建圆柱体（图5-14）。

2. 进入修改命令面板为其添加"编辑网格"修改器（图5-15）。

3. 打开"编辑网格"卷展栏，进入"多边形"层级，选择圆柱体的顶面，按"Delete"键将其删除（图5-16）。

4. 继续在前视图中框选最上排的网格（图5-17）。

5. 使用"缩放"工具对其进行缩放，在透视图中将鼠标放在X、Y、Z轴中心，当中间三个三角形全亮时，单击鼠标左键向下拖动（图5-18）。

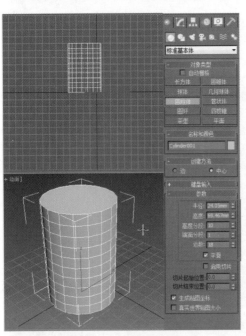

图5-14　创建圆柱体

图5-15　添加"编辑网格"修改器

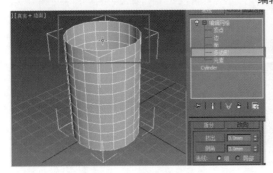

图5-16　删除顶面

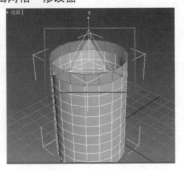

图5-17　选择网格

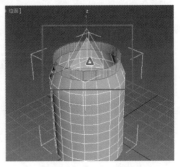

图5-18　缩小网格

6. 回到"编辑网格"层级，为其添加"壳"修改器，并让其向内延伸一定厚度（图5-19）。

7. 添加"网格平滑"修改器（图5-20）。

8. 陶瓷花瓶制作完成，再为其添加材质、灯光，合并花草模型，图5-21是渲染后的效果。

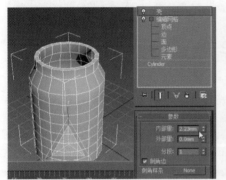

图5-19 添加"壳"修改器并调节厚度

图5-20 添加"网格平滑"修改器

图5-21 陶瓷花瓶渲染效果

5.5 阵列

难度等级 ★★☆☆☆

"阵列"是将物体按照一定方向、角度、等距进行复制的工具。

1. 在视图中随意创建一个长方体，选择"阵列"（图5-22）。

2. 打开"阵列"面板，其中"移动增量"能增减每个复制物体之间的距离，"总计"是所有复制模型的总距离。设置"移动增量X"为15，"数量1D"为10，单击"预览"即能看到长方体的复制效果（图5-23）。

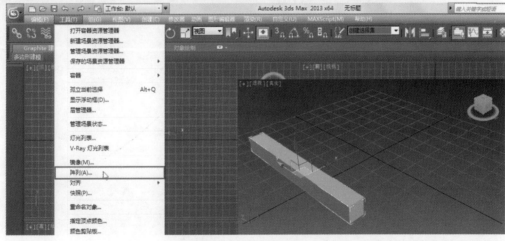

图5-22 选择"阵列"

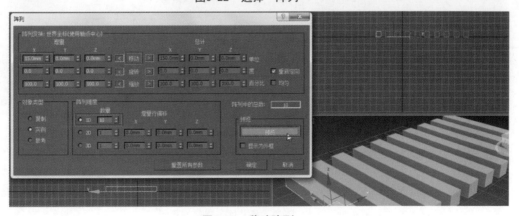

图5-23 移动阵列

3. "旋转增量"能控制每个复制物体之间的角度，"总计"是所有复制模型的总角度。这是设置"旋转增量Z"为20，"数量1D"为5的阵列效果（图5-24）。

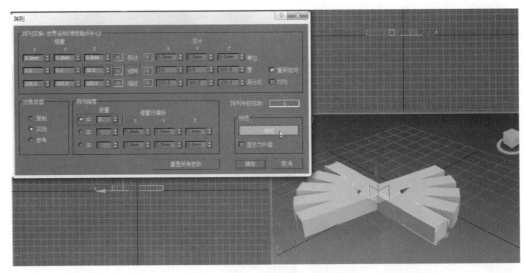

图5-24 旋转阵列

4. "缩放增量"能控制每个复制物体之间在某个轴线上的比例，"总计"是所有复制模型的总比例。这是设置旋转"旋转增量Z"为14，"缩放增量Z"为90，"数量1D"为10的阵列效果（图5-25）。

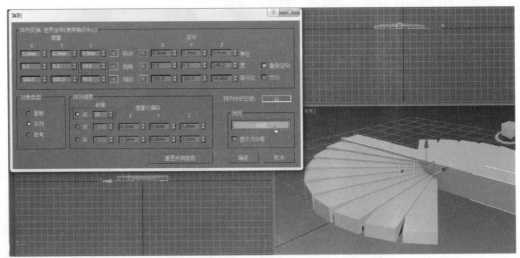

图5-25 缩放阵列

5.6 FFD修改器

难度等级
★☆☆☆☆

"FFD"修改器能通过控制点对物体进行平滑且细致的变形。

1. 新建场景，在透视图中创建一个长方体，并将长方体的"长度分段""宽度分段""高度分段"都改为10，为这个长方体添加"FFD（长方体）"修改器（图5-26）。

2. 打开"FFD（长方体）"卷展栏，选择其中的"控制点"层级（图5-27）。

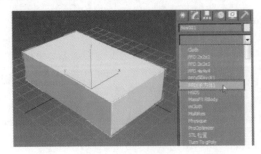

图5-26 添加"FFD（长方体）"修改器

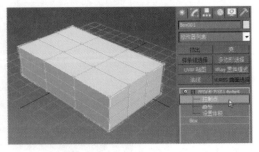

图5-27 选择"控制点"

"FFD"修改器也可以认为是一种经过归纳的"编辑网格"修改器,使用时不受模型实际网格熟练限制,是在模型外围增加的修改器,经过修改的模型会显得更平滑。

3. 移动视图中的控制点,物体会发生平滑的变形效果(图5-28)。

图5-28 移动控制点

5.7 实例制作——抱枕

难度等级
★★☆☆☆

本节将使用"FFD(长方体)"修改器制作抱枕模型,具体操作步骤如下。

1. 新建场景,调整单位,在透视图中创建一个切角长方体,长度为400、宽度为400、高度为200、圆角为20、分段数分别为10、10、10、3(图5-29)。

2. 为该模型添加"FFD(长方体)"修改器,并在顶视图选择中间4个点(图5-30)。

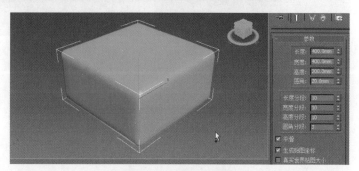

图5-29 创建切角长方体

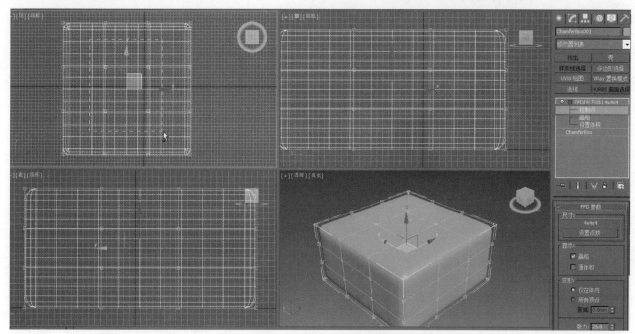

图5-30 添加"FFD(长方体)"修改器

3. 打开"编辑"菜单,选择"反选"命令,选择最外层的控制点(图5-31)。

4. 使用"缩放"工具,在透视图中单击鼠标右键切换为透视图,并选择"Z"轴单击向下移动,直至物体边缘都重合(图5-32)。

图5-31 选择"反选"

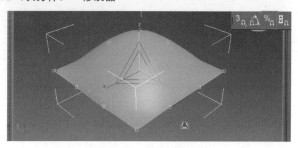

图5-32 移动边角点

5. 使用"移动"工具，在前视图中将下部控制点进行移动（图5-33）。

6. 在顶视图中将4组点向4个顶点分别移动，并在前视图中进一步调节模型的厚度（图5-34）。

7. 这样抱枕的模型就基本完成，图5-35是其附上材质后的效果。

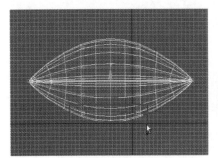

图5-33　移动下部点

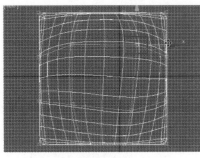

图5-34　移动顶点并调节厚度

图5-35　抱枕模型制作完毕

基础篇

第6章 多边形建模

多边形建模是将简单的模型通过多边形编辑变成复杂的模型，多边形建模属于一体化建模，模型的精确度高，修改方便。而传统建模需要进行对齐，模型物件过多，容易造成混乱，因此熟练掌握多边形建模能大幅度提高模型的创建效率。

6.1 多边形建模方法

难度等级
★★☆☆☆

常见的多边形建模方法有挤出、轮廓、倒角、插入、桥、翻转等，本节将介绍几种运用较多的工具。

1. 新建场景，在视图中创建一个长方体并将"分段"数都改为4，并按下"F4"键显示线框（图6-1）。
2. 进入修改命令面板，为长方体添加"编辑多边形"修改器（图6-2）。
3. 进入"多边形"层级选择模型中任意一个多边形（图6-3）。

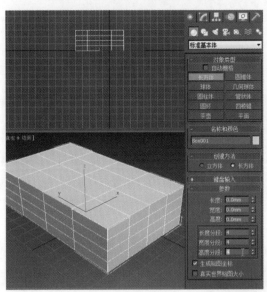

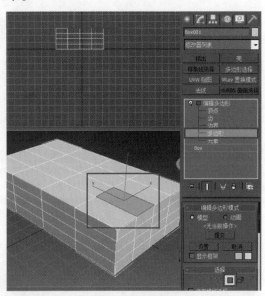

图6-1 创建长方体　　　图6-2 添加"编辑多边形"修改器　　　图6-3 选择多边形

4. 滑动"编辑多边形"控制面板，找到"多边形"层级，里面有挤出、轮廓、倒角、插入、桥、翻转6种编辑工具，本节主要介绍前4种运用较多的工具（图6-4）。

图6-4 6种工具

5. "挤出"能将选中的多边形在与面垂直方向上挤出一定的厚度（图6-5）。

6. 单击"挤出"按钮后面的小按钮，可以输入数值，精确挤出厚度（图6-6）。

图6-6 设置挤出参数

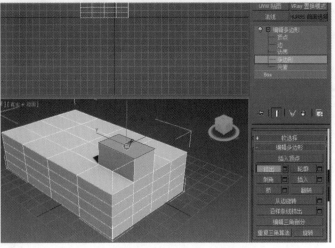

图6-5 "挤出"工具

7. "轮廓"能将已选择的面进行放大或缩小，单击"轮廓"工具进行操作（图6-7）。

8. 单击"轮廓"按钮后面的小按钮，可以输入数值，精确轮廓（图6-8）。

9. "倒角"能将已选择的多边形先挤出后倒角（图6-9）。

10. 单击"倒角"按钮后面的小方框，可以用数值来精确倒角（图6-10）。

11. "插入"工具，是将已选中的多边形向内插入一定厚度的工具（图6-11）。

12. 单击"插入"按钮后面的小方框，可以用数值来精确插入程度（图6-12）。

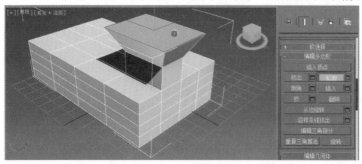

图6-7 "轮廓"工具

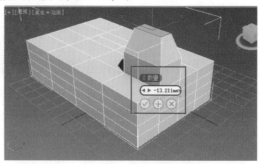

图6-8 设置轮廓参数

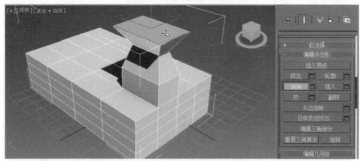

图6-9 "倒角"工具

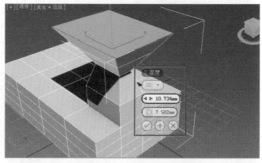

图6-10 设置倒角参数

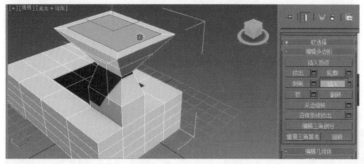

图6-11 "插入"工具

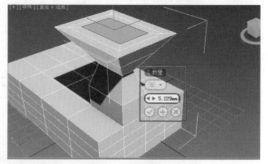

图6-12 设置插入参数

6.2 实例制作——靠背椅

难度等级
★★★☆☆

本节将使用多边形建模的方法制作靠背椅模型，具体操作步骤如下。

1. 新建场景并设置好单位（mm），在场景中创建一个长方体并设置参数，长度为700、宽度为600、高度为30，分段数分别为10、10、1（图6-13）。

2. 为该长方体添加"编辑多边形"修改器，选择"多边形"层级，并按住"Ctrl"键选择顶面左上

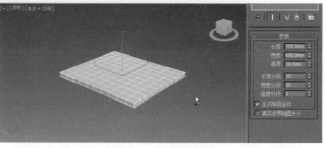

图6-13 创建长方体

角与右上角两个多边形（图6-14）。

3. 打开"编辑多边形"层级，单击"挤出"后面的小按钮，可以精确挤出厚度，"挤出"数值设为240，完成后单击下面的"加号"挤出椅背下段模型（图6-15）。

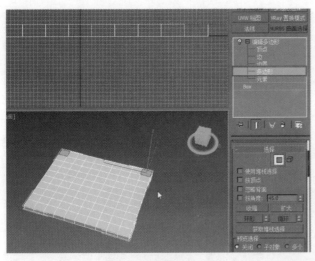

图6-14　选择多边形

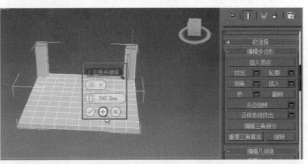

图6-15　挤出椅背下段模型

4. 输入80，单击"加号"挤出椅背中间横杆两端接头模型（图6-16）；输入100，单击"加号"挤出椅背中段模型（图6-17）；输入350，单击"加号"挤出椅背上段靠板两端接头模型（图6-18）；输入50，单击"钩"挤出椅背顶端横杆两端接头模型（图6-19）。

5. 按住"Ctrl"键同时选择椅背中间横杆接头的对立面（图6-20）。

6. 将这两个面精确"挤出"，挤出"厚度"设为280，然后单击"钩"挤出中间横杆（图6-21）。

7. 按住"Ctrl"键同时选择椅背靠板和顶端横杆接头的对面（图6-22）。

8. 将这两个面精确"挤出"，挤出"厚度"设为280，然后单击"钩"挤出靠板和顶端横杆（图6-23）。

9. 按住"Alt"键与鼠标中间的滑轮，将透视图旋转至椅子背后，同时选择椅背靠板和中间横杆的背面（图6-24）。

10. 继续精确"挤出"，将挤出"厚度"设

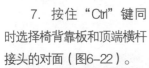

图6-16　挤出中间横杆接头模型

图6-17　挤出椅背中段模型

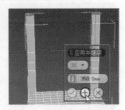

图6-18　挤出上段靠板接头模型

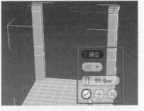

图6-19　挤出顶端横杆接头模型

图6-20　选择中间横杆接头的对立面

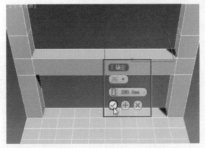

图6-21　挤出中间横杆模型

图6-22　选择靠板和顶端横杆接头的对立面

图6-23　挤出靠板和顶端横杆模型

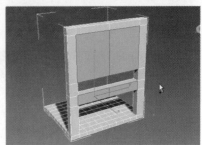

图6-24　选择面

为-20，使靠板和中间横杆厚度变小（图6-25）。

11. 按住"Alt"键与鼠标中间的滑轮，将透视图旋转到椅子底部（图6-26）。

12. 按住"Ctrl"键同时选择椅子底部4个角上的4个矩形（图6-27）。

13. 精确挤出这4个矩形，挤出"厚度"设为400，单击"加号"挤出椅子腿（图6-28）。

14. 挤出"厚度"设为80，单击"加号"挤出连接椅子腿的4条横杆的接头（图6-29）。

15. 挤出"厚度"设为200，单击"钩"挤出椅脚（图6-30）。

16. 按住"Ctrl"键同时选择椅腿横杆接头上两两对立的8个矩形面（图6-31）。

17. 单击精确"插入"，选择"按多边形"的方式，输入数值为10，单击"钩"（图6-32）。

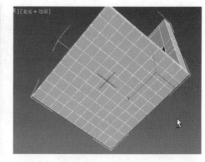

图6-25 缩小厚度

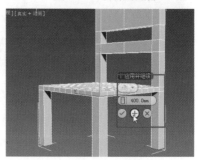

图6-26 旋转到底部

图6-27 选择4个矩形　　图6-28 挤出椅子腿模型

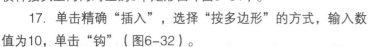

图6-29 挤出4条横杆的　图6-30 挤出椅脚模型　图6-31 选择矩形面　图6-32 设置参数　图6-33 挤出椅子横杆
　　　接头模型　　模型

18. 单击精确"挤出"，挤出"厚度"设为280，单击"钩"挤出连接椅子腿的4条横杆（图6-33）。

19. 按住"Ctrl"键同时选择椅子椅面的外边缘矩形（图6-34）。

20. 将其精确"挤出"，挤出"厚度"设为20，单击"钩"（图6-35）。

21. 这样靠背椅就创建完成，图6-36是为其添加灯光、材质后的渲染效果。

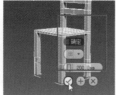
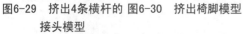

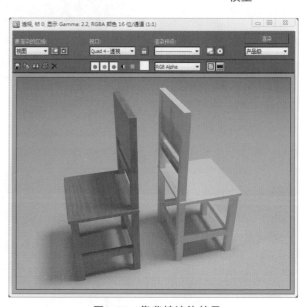

图6-34 选择外边缘矩形　　　图6-35 挤出模型　　　　　　图6-36 靠背椅渲染效果

基础篇

第7章　建立室内场景

室内场景是装修效果图制作的基础，追求快速、精准，室内场景建立完成后，再调入成品家具模型就很方便了。本章主要介绍室内场景的建立方法，包括从建模到合并的全过程，需要运用前章内容中的建模方法。

7.1　创建墙体

难度等级
★★☆☆☆

对于室内场景最主要的是创建墙体，创建墙体主要是运用多边形建模方法，本节利用室内客厅场景，进一步学习多边形建模的方法。

1. 新建场景，设置单位（mm），在场景中创建矩形，"长度"与"宽度"分别设为5000与4000（图7-1）。

2. 选中矩形，在修改器列表中选择"挤出"修改器（图7-2）。

3. 在挤出的"数量"中输入2900，为其添加"法线"修改器（图7-3）。

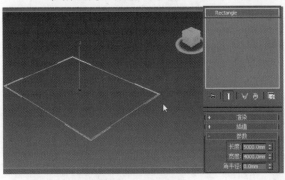 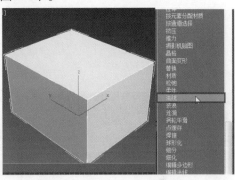

图7-1　创建矩形　　　　图7-2　添加"挤出"修改器　　图7-3　添加"法线"修改器

4. 添加"可编辑多边形"修改器，单击鼠标右键，选择"对象属性"（图7-4）。

5. 在弹出的对话框中勾选"背面消隐"，单击"确定"（图7-5）。

6. 单击鼠标右键将其转为"可编辑多边形"（图7-6）。

7. 展开"可编辑多边形"卷展栏，选择"多边形"层级，勾选"忽略背面"（图7-7）。

图7-6　转换为"可编辑多边形"

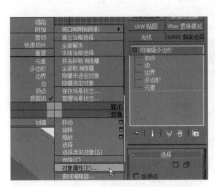  

图7-4　添加"可编辑多边形"修改器　　　图7-5　设置对象属性　　　图7-7　勾选"忽略背面"
　　　　并单击"对象属性"

8. 选择地面，并在"编辑几何体"卷展栏中单击"分离"按钮（图7-8）。

9. 在弹出的"分离"对话框中，将"对象001"改为"地面"，单击"确定"（图7-9）。

10. 切换到"边"层级，选择墙面的左右两条边，并在"编辑边"卷展栏中选择"连接"后的小按钮（图7-10）。

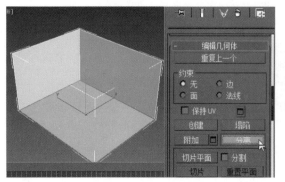
图7-8　分离地面

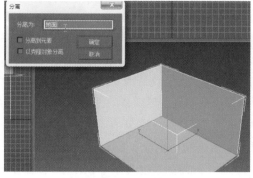
图7-9　修改分离对象的名称

图7-10　选择
连接设置

11. 在弹出的对话框中，选择"分段"为1，单击"钩"（图7-11）。

12. 选择"移动"工具，在视图区下面"坐标轴"显示框中，将"Z"轴设为2100（图7-12）。

13. 按住"Ctrl"键同时选中三条线，并单击"连接"后的小按钮（图7-13）。

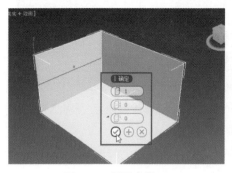
图7-11　设置参数（一）

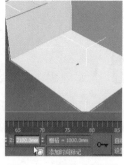
图7-12　设置Z轴参数

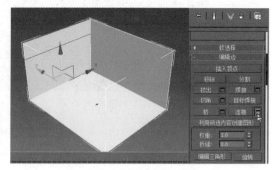
图7-13　选择连接设置

14. 在弹出的对话框中将"分段"设为2，"收缩"设为45，单击"钩"（图7-14）。

15. 切换到"多边形"层级，选择中间的多边形，并将其挤出"厚度"设为-240，单击"钩"（图7-15）。

16. 按键盘上的"Delete"键，删除此面（图7-16）。这样，室内客厅墙体模型制作完毕。创建墙体模型的方式有很多，经过多次实践，采用上述方法创建装修效果图的墙体模型效率最高，能最大化减少模型网格的生成，节约后期渲染时间，而且能对模型作进一步扩展、修改。

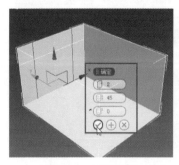
图7-14　设置参数（二）

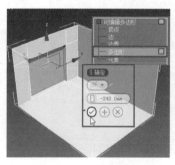
图7-15　挤出厚度

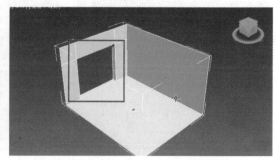
图7-16　客厅墙体模型制作完毕

7.2　创建灯光与摄影机

难度等级
★★☆☆☆

建立基本室内场景后，下一步开始建立灯光与摄影机，灯光能为整个室内场景提供照明，摄影机能提供最佳视角，方便观察与渲染，这些是室内场景模型的基本构成元素。精致、细腻的装修效果图必须通过这两者来支撑。

7.2.1　创建灯光

灯光的创建对于室内场景是必不可少的，没有灯光的辅助，单靠默认灯光不能提供最佳的照明效果。

1. 在创建面板中选择"灯光"，在下拉列表中选择"标准"（图7-17）。

2. 在"标准"灯光的对象类型中选择"泛光灯"进行创建，单击"泛光"，在顶视图房间中心位置单击鼠标左键进行创建（图7-18）。

图7-17　选择标准灯光

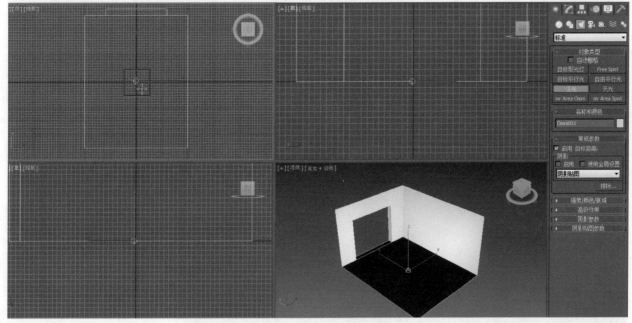

图7-18　创建泛光灯

3. 选择"移动"工具，在前视图中将泛光灯向上移动至房间中央（图7-19）。

4. 在移动过程中，会发现地面慢慢变亮了，这是泛光灯的特性，就是泛光灯离物体越近，物体反而越黑，所以要让泛光灯与物体之间保持一定距离，在此场景中，放置在中间最佳。

图7-19　移动泛光灯

图7-20　选择目标摄影机

7.2.2　创建摄影机

对于场的视角选择是非常重要的，好的视角能决定最终效果，所以就需要摄影机选择最佳的观察视角。

1. 进入创建面板，选择"摄影机"，选择"标准"，在"对象类型"卷展栏中选择"目标"，在前视图中进行创建（图7-20）。

2. 单击鼠标左键按住不放，然后拖动，到预定位置放开鼠标（图7-21）。

3. 选择"移动"工具，调整其位置，主要要保证摄影机在室内空间中，不要接触墙体（图7-22）。

4. 单击摄影机中间的线，让"移动"工具箭头停留在中线上（图7-23）。

5. 在前视图中单击鼠标右键，切换到前视图，将鼠标移动到"Y"轴箭头上，将摄影机向上移动（图7-24）。

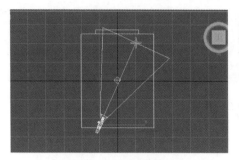

图7-21　创建摄影机

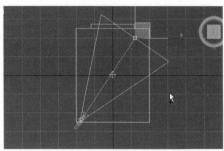

图7-22　移动摄影机

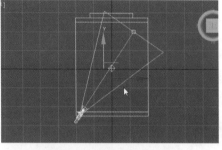

图7-23　选择摄影机中线

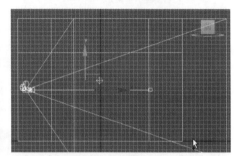

图7-24　移动摄影机中线

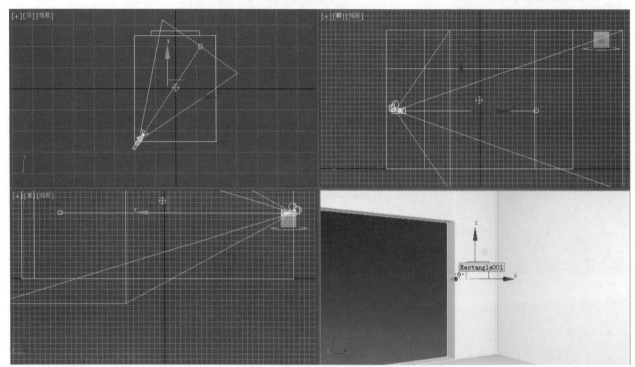

图7-25　切换视图

6. 在透视图单击鼠标右键切换到透视图，按键盘"C"键，能切换到摄影机视图（图7-25）。

7. 在前视图中选中摄影机，进入修改命令面板，在"备用镜头"中选择"20mm"镜头（图7-26）。

图7-26　选择20mm镜头

7.3 赋予材质

为场景中的物体赋予材质，可以增加场景的真实性。

1. 在工具栏中选择"材质编辑器"，在弹出的"材质编辑器"中的菜单栏里面，单击"模式"，选择"精简材质编辑器"（图7-27）。

2. 在新出来的6个球上面单击鼠标右键选择"6×4示例框"（图7-28）。

3. 选择第一个材质球，单击下面的"Standard"按钮（图7-29）。

4. 在弹出的"材质/贴图"浏览器中展开材质，在标准中选择"建筑"，并双击鼠标左键（图7-30）。

5. 回到"材质编辑器"中，在"模

图7-27 选择"精简材质编辑器"

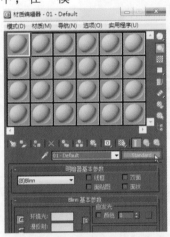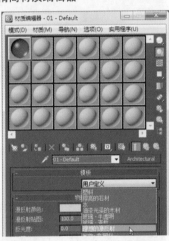

图7-28 选择"6×4示例框"　图7-29 单击"Standard"按钮　图7-30 选择"建筑"　图7-31 选择"理想的漫反射"

板"卷展栏的"用户定义"中，选择"理想的漫反射"（图7-31）。

6. 单击"漫反射颜色"的颜色框，在弹出的"颜色选择器"中，将"白度"滑块滑到接近白色的位置，单击"确定"（图7-32）。

7. 在场景中选中墙体，并单击"材质编辑器"中的"将材质指定给选择对象"按钮，完成后，墙体与顶面都被赋予白色材质（图7-33）。

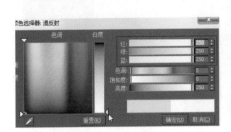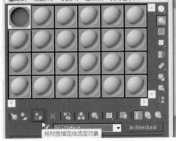

图7-32 选择颜色　　　　　　图7-33 赋予墙与顶面白色材质

8. 选择第二个材质球，单击"Standard"按钮，将其也改为"建筑"材质（图7-34）。

9. 在"模板"的"用户定义"中，选择"油漆光泽的木材"（图7-35）。

10. 在"漫反射贴图"后面单击"None"按钮（图7-36）。

图7-34 设置第二个材质球

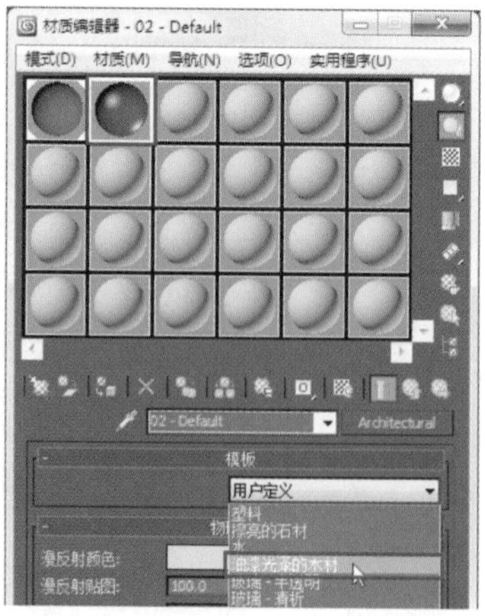

图7-35 选择"油漆光泽的木材"

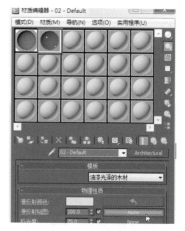

图7-36 选择贴图

11. 在弹出的浏览器中展开"贴图"，再展开"标准"，双击其中"位图"（图7-37）。

12. 在弹出的"选择位图图像文件"框中，选择一张图片文件，这里选择并双击木地板的文件（图7-38）。这些文件附在本书的配套光盘中，也可从网上下载。

13. 在视图中选择地面，可将木地板材质赋予给地面（图7-39）。

图7-37 选择"位图"

图7-38 选择贴图文件

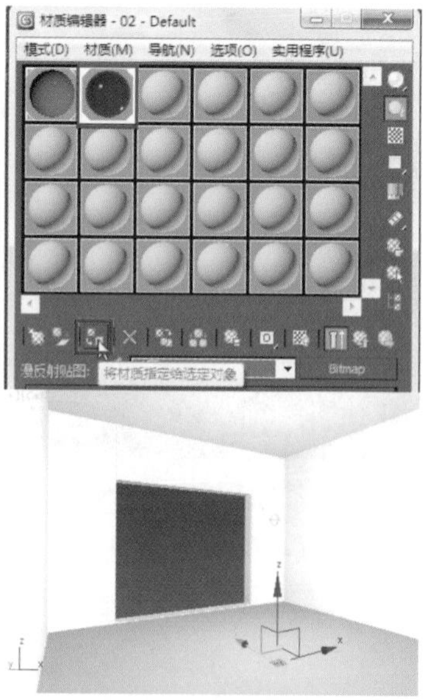

图7-39 赋予地面木地板材质

14. 指定完成后，单击视口中显示"明暗处理材质"按钮（图7-40）。

15. 进入修改命令面板给地面添加"UVW贴图"修改器（图7-41）。

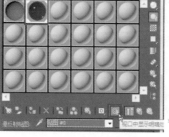

图7-40 显示贴图

图7-41 添加"UVW贴图"修改器

16. 在"UVW贴图"修改器的"参数"卷展栏的"贴图"选项组中选择"长方体"，并将"长度"与"宽度"都设为3000（图7-42）。

17. 完成之后单击工具栏最右边的"渲染"按钮，观察渲染效果（图7-43）。

图7-42　调整贴图参数

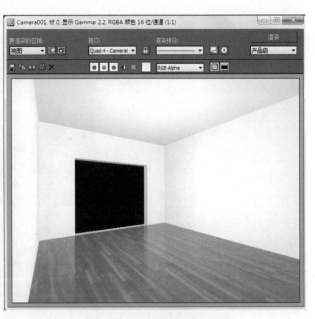

图7-43　模型贴图渲染效果

7.4　合并场景模型

难度等级
★★☆☆☆

合并场景是将外部的"max格式"文件合并进现有场景中来，在其后的场景建模中会大量运用本节内容。

1. 单击边角上的"3ds Max"图标，在"导入"的级联菜单中单击"合并"（图7-44）。

2. 在"模型\第7章\合并场景模型"中，任意选择一个模型，选择"打开"（图7-45）。

3. 在弹出的对话框中单击"全部"，取消勾选"灯光"与"摄影机"，单击"确定"（图7-46）。

4. 因为此模型已经是一个组了，如果模型有多个，且不是一个组就要对模型进行成组（图7-47）。成组命令能将多个单独模型组合为一体，方便选择操作。

5. 成组之后，可以选择移动工具、旋转工具、缩放工具，将模型调整尺寸到正确位置。按

图7-44　单击合并

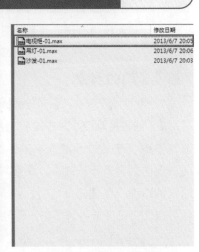

图7-45　选择合并模型

图7-46　合并模型选项

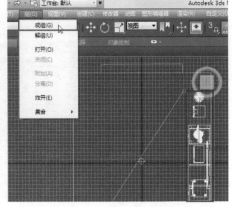

图7-47　将模型成组

照上述步骤继续合并其余模型。这样，客厅室内场景建模就基本完成了（图7-48）。合并模型的操作比较简单，但是要熟悉所合并的模型，合并过多模型会对计算机的硬件有更高要求，因此要谨慎选用合并的模型。合并时要进行筛选。

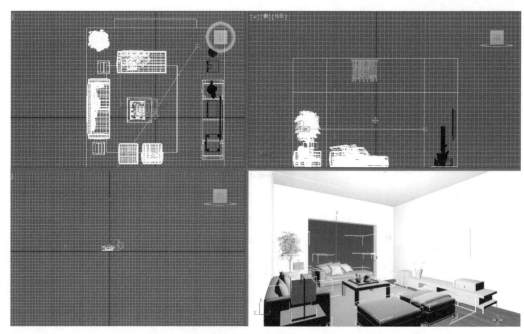

图7-48　模型合并完毕

7.5　创建门、窗、楼梯

难度等级
★★☆☆☆

在创建面板中有现成的各种门、窗和楼梯，本节将介绍各种门、窗和楼梯的创建和调整。

7.5.1　门的创建

1. 新建场景，在"创建"面板中，打开下拉菜单选择"门"，这里面有三种门的模型可供选择（图7-49）。

2. 创建枢轴门。单击"枢轴门"按钮，即可在透视图中创建枢轴门（图7-50）。进入修改面板，可以调节其参数，在"打开度数"中输入参数可以让门打开一定角度（图7-51）。在"打开度数"上方有三个选项，勾选后会有不同效果，现在将"双门""翻转转动方向"勾选（图7-52）。在门框选项中，可以选择有门框的造型，创建门框选项，能调节门框的宽度、深度、门偏移等参数（图7-53）。至于"页扇参数"卷展栏可以让门扇变成各种形态，通过调节参数达到设计需求（图7-54）。

3. 创建推拉门。单击"推拉门"可在场景中创建推拉门（图7-55）。进入修改面板，可以调节推拉门参数，勾选"前后翻转"与"侧翻"，可以设置门"打开"参数（图7-56）。勾选"创建门框"，可以设置门框的各项参数，包括门框的宽度、深度、门偏移等参数项（图7-57）。在"页扇参数"卷展栏中，可以对门扇进行各种变形，通过调节达到设计需求（图7-58）。

图7-49　门
创建面板

图7-50　枢轴门

图7-51　设置打开角度

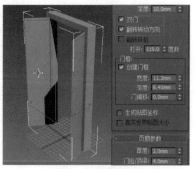

图7-52　设置双门

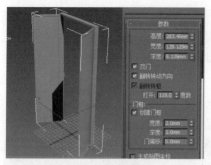

图7-53　设置门框参数

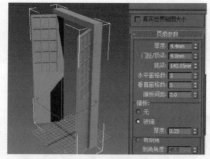

图7-54　设置页扇参数

图7-55　推拉门

图7-56　设置打开

图7-57　设置门框参数

图7-58　设置页扇参数

4. 创建折叠门。创建折叠门时，其参数与上述两种门基本相同，这里就不重复介绍了（图7-59）。

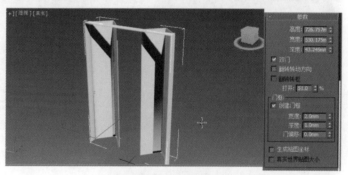

图7-59　折叠门

7.5.2　窗的创建

1. 新建场景。在创建面板中，打开下拉菜单选择"窗"，对象类型中提供了6种窗户的创建（图7-60）。

2. 创建遮篷式窗。创建一个遮篷式窗，调整长、宽、高的值（图7-61）。进入修改面板，分别改变窗框的参数（图7-62）。玻璃的厚度可以调节窗户玻璃的厚度。给予窗格一定宽度，将"窗格数"调整为2，设置开窗角度，可以将窗户打开（图7-63）。

3. 创建平开窗。其参数与遮篷式窗的参数基本一样，这是调节参数后效果（图7-64）。

图7-60　窗
创建面板

图7-61　遮篷式窗

图7-62　设置窗框参数

图7-63　设置打开角度

图7-64　平开窗

4. 创建固定窗。其参数与上述其他窗的参数基本相同，只是固定窗不能开关，调节参数后可见效果不同（图7-65）。

5. 创建旋开窗。其参数与上述其他窗的参数基本相同，只是旋开窗多了打开轴，调节参数后可见效果不同（图7-66）。

6. 创建伸出式窗。其参数与上述其他窗的参数基本相同，调节参数后可见效果不同（图7-67）。

7. 创建推拉窗。其参数与上述其他窗的参数基本相同，调节参数后可见效果不同（图7-68）。

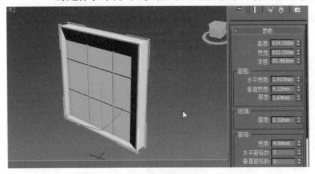
图7-65 固定窗

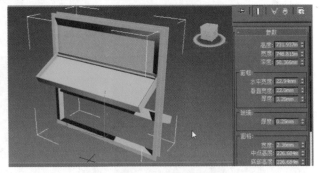
图7-66 旋开窗

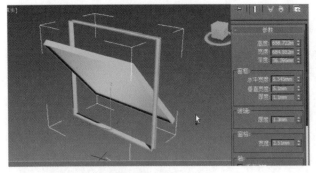
图7-67 伸出式窗

图7-68 推拉窗

7.5.3 楼梯的创建

1. 新建场景。在创建面板中，打开下拉菜单选择"楼梯"，对象类型中提供了4种楼梯样式（图7-69）。

2. 创建直线楼梯。单击在视图中创建直线楼梯，调节长度、宽度、总高（图7-70）。进入修改面板，在参数的"类型"下面有3种形式可以选择，默认为"开放式"，分别单击其他两种形式（图7-71）。在"生成几何体"中勾选所有选项可以增加扶手（图7-72）。"布局"是调节楼梯整体的长度与宽度。"梯级"主要控制楼梯总高、每级台阶高与台阶数，

图7-69 楼梯
创建面板

图7-70 直线楼梯

图7-71 设置封闭式

图7-72 增加扶手

"栏杆"参数能调节栏杆的位置、高度、形状、大小（图7-73）。

　　3. 创建L型楼梯。L型楼梯的参数与上述楼梯基本相同，调节参数后可见效果不同（图7-74）。

　　4. 创建U型楼梯。U型楼梯的参数与上述楼梯基本相同，调节参数后可见效果不同（图7-75）。

　　5. 创建螺旋楼梯。螺旋楼梯的参数与上述楼梯基本相同，只是多了一根中柱，调节参数后可见效果不同（图7-76）。

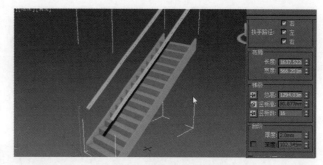

图7-73　设置梯级与台阶

图7-74　L型楼梯

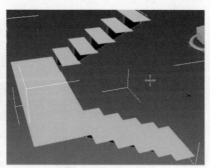

图7-75　U型楼梯

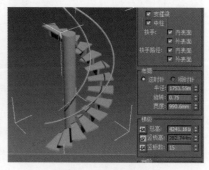

图7-76　螺旋楼梯

第8章　材质贴图控制

模型创建的同时要赋予材质贴图，前章介绍了模型基本材质贴图的赋予方法。本章重点介绍常用的基本材质与贴图的控制，这些内容对整理装修效果图模型非常重要，能精确处理模型材质，提高贴图质量。

8.1　控制贴图

雅度等级
★★★☆☆

控制好贴图，对于材质的表现是非常重要的，本节将介绍贴图控制的所有因素。

1. 新建场景，在场景中建立长方体模型，打开"材质编辑器"，单击第一个材质球指定给长方体（图8-1）。

2. 单击"Standard"按钮，将此材质转为"建筑"材质（图8-2）。

3. 单击"漫反射颜色"后的"色彩框"，就可以在弹出的"色彩选择器"中更改颜色了（图8-3）。

4. 为改材质添加一个贴图，打开文件夹找到一张图片，并单击图片按住鼠标左键不放，将图片拖到"漫反射贴图"后面的"None"按钮中（图8-4）。

5. 单击在视口中"显示明暗处理材质"按钮（图8-5）。

6. 单击"漫反射贴图"后面的"贴图"按钮，进入"贴图"控制面板，选择一张贴图（图8-6）。

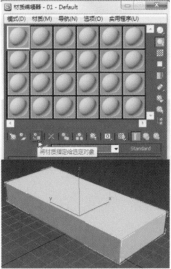

图8-1　创建模型

图8-2　选择"建筑"材质

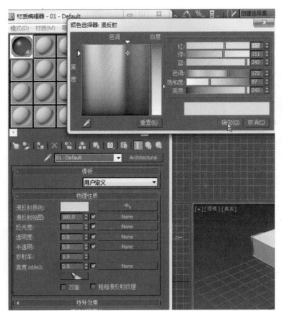

图8-3　选择颜色

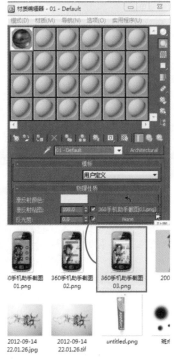

图8-4　选择贴图

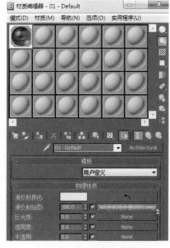

图8-5　显示明暗处理

图8-6　选择贴图

7. 修改"偏移"中"U"的数值，贴图就会在U向左右偏移（图8-7）。

8. 修改"偏移"中"V"的数值，贴图就会在V向上下偏移（图8-8）。

9. "偏移"后的"瓷砖"能决定贴图在图中的平铺次数，将"U""V"平铺数都设为2（图8-9）。

10. "镜像"能将图片在U、V方向上进行镜像操作，"镜像"后"瓷砖"下的两个复选框控制贴图是否能连续呈现在模型上（图8-10）。

11. "角度"能控制贴图在U、V向的缩放，W控制贴图的旋转角度（图8-11）。

12. 单击"旋转"，能同时控制整体角度的3个值变化（图8-12）。

13. 如果要切换贴图，单击"位图"后的长按钮，直接打开文件夹选

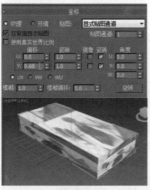

图8-7 修改"偏移"中"U"　图8-8 修改"偏移"中"V"
的数值　　　　　　　　　的数值

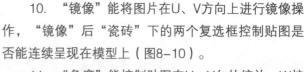

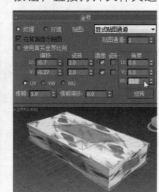

图8-9 修改瓷砖平铺次数　图8-10 勾选镜像　图8-11 设置旋转角度

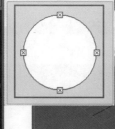

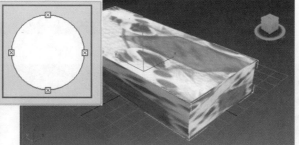

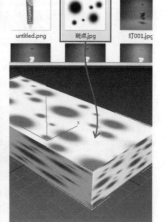

图8-12 旋转贴图坐标角度　　　　　　　　图8-13 切换贴图

择要切换的贴图，最后将贴图拖到模型上即可（图8-13）。

14. 单击"转到父对象"，就可以回到上一层级，继续对其他参数进行设置（图8-14）。

图8-14 转到父对象

3ds Max 2013的材质编辑器功能强大，装修效果图的真实主要来自于材质贴图的真实。材质与贴图是两个不同的概念，材质是指材料的质地，主要包括光泽、肌理、反射、透明等质地，能控制光洁或粗糙，这些是营造真实效果的关键。贴图则是为效果图中的模型覆盖一张图片，这张图片上具有图案、纹理、色彩，能彻底改变模型的面貌。因此，在装修效果图制作过程中，应当将材质与贴图两者结合起来设置，不能彼此孤立。在操作材质编辑器要把握先设置材质，后选择贴图的原则，并然有序地操作。

特别提示

8.2 UVW贴图修改器

"UVW贴图"修改器是能将物体表面贴图进行均匀平铺与调整的修改器。

1. 新建场景，在创建命令面板的扩展基本体中创建切角长方体，并为其赋予一个材质（图8-15）。

2. 打开贴图文件，拖入一张贴图在材质球上面，并打开视口中"显示明暗处理材质"按钮（图8-16）。

3. 进入修改命令面板，为刚才创建的切角长方体添加"UVW贴图"修改器（图8-17）。

4. 默认的贴图方式是"平面"，平面的贴图方式只是适合平整的物体，一般在室内场景中都是用"长方体"的贴图方式，因此将贴图方式改为"长方体"（图8-18）。

5. 更改长方体的长度、宽度、高度的数值，数值一般是相同的才能达到整体均匀的效果，现在都设为100（图8-19）。

6. 调整贴图的"对齐"方式，可以让贴图位置更加精确，选择下面的"对齐"方式，单击"适配"，并将贴图的长度、宽度、高度重新都设为100（图8-20）。

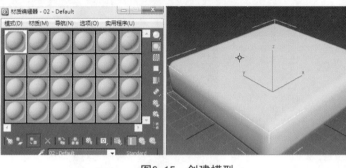

图8-15 创建模型

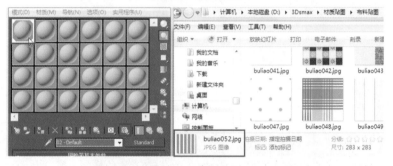

图8-16 选择贴图

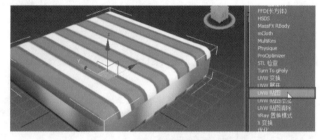

图8-17 添加"UVW贴图"修改器

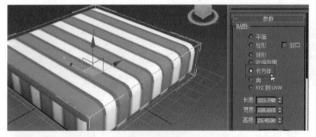

图8-18 修改贴图方式为"长方体"

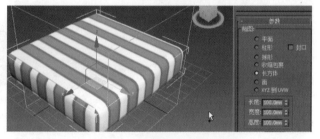

图8-19 设置长方体的参数

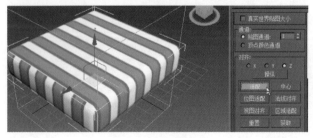

图8-20 设置贴图适配

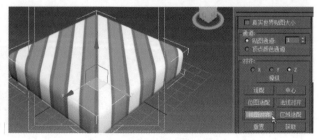

图8-21 选择视图对齐

7. 单击视图"对齐"按钮,可以让贴图与当前计算机屏幕保持平行对齐(图8-21)。

8. 其余几种贴图的对齐方式不常用,可以尝试修改。展开"UVW贴图"卷展栏,选择"Gizmo",可以方便地对贴图进行旋转或移动,直至符合设计要求(图8-22)。

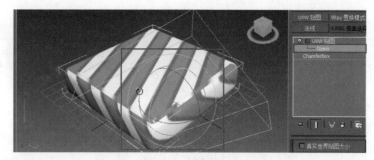

图8-22 选择Gizmo

8.3 路径与归档

难度等级
★★☆☆☆

8.3.1 贴图路径

将一个场景使用不同的计算机打开,会发现在渲染时没有贴图,这是因为贴图的路径错误,需要重新找到贴图路径。

1. 打开场景文件"模型\第8章\单人沙发-01",打开时就会弹出"缺少外部文件"的对话框,点击"浏览"寻找外部文件路径(图8-23)。

2. 弹出"配置外部文件路径"对话框,选择"添加"找到硬盘文件夹中的贴图路径(图8-24)。

图8-23 浏览文件路径

图8-24 添加贴图路径

3. 进入"模型\第8章\单人沙发-01\3Dsmax\材质贴图\布料贴图",勾选"添加子路径",并点击两次"使用路径"(图8-25)。

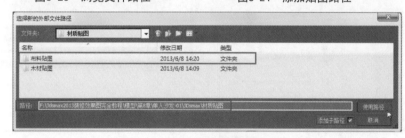

图8-25 使用路径

4. 回到"缺少外部文件"对话框,继续点击"浏览",重复上述步骤找到木材贴图(图8-26)。

5. 完成之后,回到"缺少外部文件"对话框,里面缺少的文件没有了,点击"继续",发现视图中的模型就有了贴图(图8-27)。

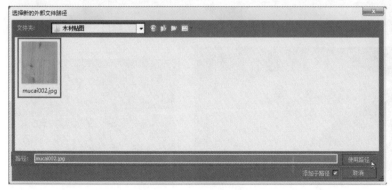

图8-26 找回贴图路径

图8-27 寻找贴图完毕

6. 单击工具栏最后的"渲染"按钮即可开始渲染，渲染后能查看贴图效果（图8-28）。

8.3.2 贴图归档

归档能将模型场景连同贴图一起保存，这种保存方式可以在换一台计算机的情况下，迅速找回场景中的贴图。

1. 使用上小节的场景，单击左上角的"3D图标"，展开"另存为"选项，后面有"归档"选项（图8-29）。

2. 单击"归档"选项，就可以将场景文件保存为包含贴图与3ds文件的压缩包，格式为"zip"（图8-30）。

3. 打开文件夹，进入保存的"归档"文件夹，解压文件夹（图8-31）。

4. 进入里面就有沙发的"max格式"文件，另一个文件夹里面就是贴图文件（图8-32）。

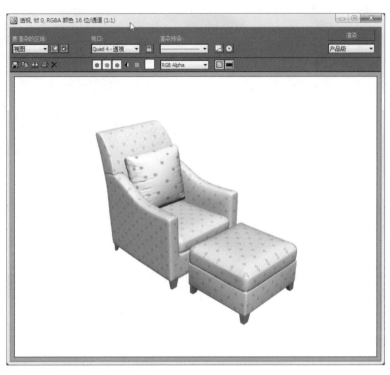

图8-28 沙发渲染效果

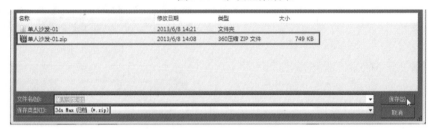

图8-30 保存归档压缩文件

图8-29 选择归档

图8-31 解压归档文件夹

图8-32 找到归档文件

8.4 建筑材质介绍

建筑材质是在室内场景中运用最广泛的一种材质，本节主要介绍建筑材质的一些参数与使用方法。

1. 新建场景，在场景中创建长方体（图8-33），并打开"材质编辑器"（图8-34）。

2. 选择第一个材质球，将该材

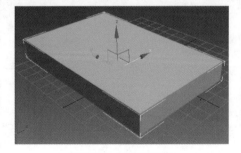

图8-33 创建长方体

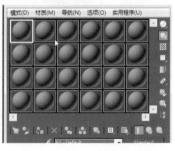

图8-34 打开"材质编辑器"

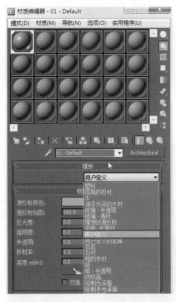
图8-35 材质模板

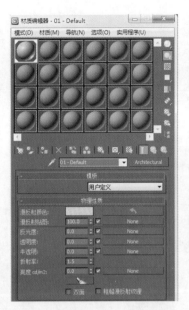
图8-36 漫反射颜色与漫反射贴图

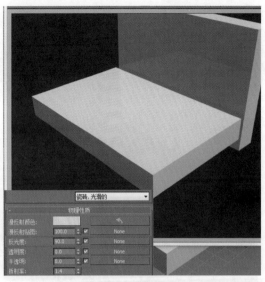
图8-37 反光度

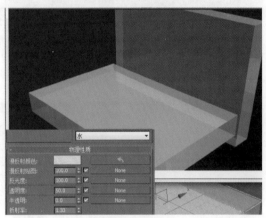
图8-38 透明度

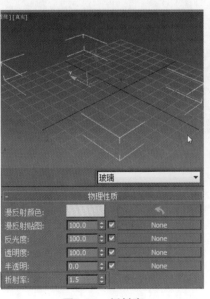
图8-39 折射率

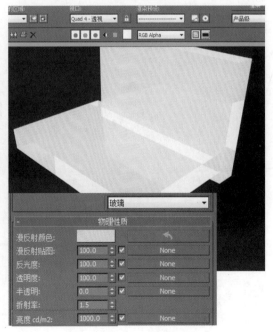
图8-40 亮度

质球转为"建筑"材质，并将材质指定给对象，点击"模板"下的"用户定义"，这是选择建筑材质类型的选框，里面有几乎所有适用于装修效果图的建筑材质（图8-35）。

3. 物理性质里面，第一项是漫反射颜色，单击后面的颜色框就能改变模型材质颜色了。第二项是漫反射贴图，前面章节里面介绍过，直接将贴图拖到"None"按钮上，就可以为模型增加贴图（图8-36）。

4. 第三项是反光度，反光度是调节物体表面的物理光滑程度的，光滑的瓷砖的"反射度"设为90，表面越光滑这个值就应设得越高，可以设置成瓷砖效果（图8-37）。

5. 第四项是透明度，值越高物体就越透明，设为100时为全透明，可以设置成半透明材质效果（图8-38）。

6. 第五项是折射率，这个取决于物体的物理属性，水的折射率为1.33，玻璃的折射率为1.5（图8-39）。

7. 第六项是亮度，亮度是调节物体自发光的亮，可以让物体发光，可以将其设置为1000（图8-40）。

图8-41　设置凸凹特殊效果

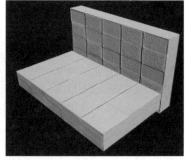

图8-42　凸凹效果渲染完毕

8. 展开下面的特殊效果，第一项为凹凸，可以为物体表面添加凹凸纹理的特殊效果，单击"None"按钮，可以选择一张马赛克贴图（图8-41）。

9. 渲染透视图场景，发现物体上面出现了马赛克的凹凸纹理（图8-42）。

8.5　多维/子对象材质介绍

难度等级
★★★★☆

多维/子对象材质是在多边形建模中大量运用的材质之一，在同一种物体上面要赋予两种不同的材质时，就需要运用多维/子对象材质，本节使用的贴图附在本书光盘中。

1. 以前一章所制作的场景为例，该场景为本书光盘"模型\第8章\室内场景模型"，该墙面改为"可编辑多边形"模型，如果对墙面的材质要求不同，就要为其添加"多维/子对象材质"（图8-43）。

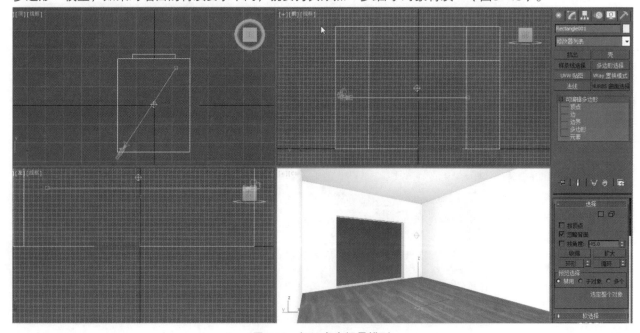

图8-43　打开室内场景模型

2. 单击墙体模型，进入修改面板，选择"多边形"级别，勾选"忽略背面"，选择右边的墙面（图8-44）。

3. 向下拖动右边的滑块，在下面的"多边形：材质ID"中，将材质"设置ID"设为2（图8-45）。

4. 选择墙面，将其"设置ID"设为3（图8-46）。

图8-44 勾选忽略背面

图8-45 设置材质ID

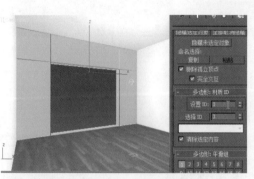

图8-46 选择前方墙面设置材质ID

图8-47 选择左侧墙面设置材质ID

5. 选择左边的这面墙，将其"设置ID"设为4（图8-47）。

6. 按住"Ctrl"键将上面三个墙面同时选中，并在"编辑"菜单下选择"反选"（图8-48），将其他墙面"设置ID"设为1（图8-49）。

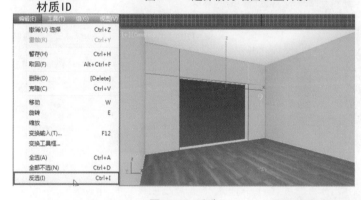

图8-48 反选

图8-49 选择其他墙面设置材质ID

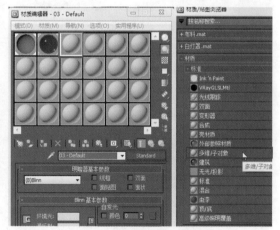

图8-50 选择多维/子对象材质

7. 退回到"可编辑多边形"层级，打开"材质编辑器"，选择一个空材质球，将该材质球转为"多维/子对象材质"（图8-50），选择将旧材质保存为"子材质"，单击"确定"。

8. 单击"多维/子对象材质"层级面板中的"设置数量"，将数量设置为4（图8-51）。

9. 将材质赋予给墙体，单击1号材质，将其转为"建筑"材质，将"模板"设置为"理想的漫反射"，将"漫反射颜色"改为白色（图8-52）。

图8-51　设置材质数量

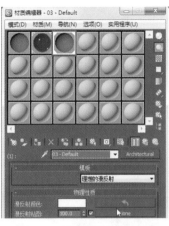

图8-52　设置理想的漫反射

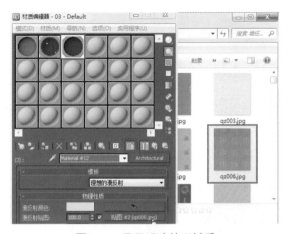

图8-53　显示明暗处理材质

10. 单击转到"父对象"，选择2号材质，也将其转为"建筑"材质，将"模板"设置为"理想的漫反射"，在"漫反射贴图"后的按钮上拖入一张墙纸贴图，并单击视口中"显示明暗处理材质"（图8-53）。

11. 为墙体添加"UVW贴图"修改器，选择贴图类型为"长方体"，将长度、宽度、高度都设为1000（图8-54）。

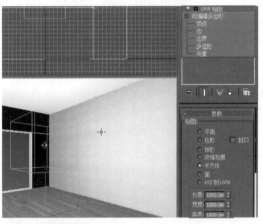

图8-54　添加"UVW贴图"修改器

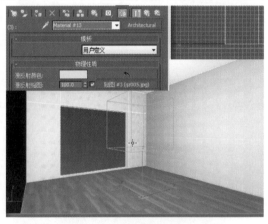

图8-55　设置材质贴图（一）

12. 返回"父对象"，选择3号材质，也将其转为"建筑"材质，将"模板"设置为"理想的漫反射"，在"漫反射贴图"后的按钮中拖入一张墙纸贴图，并单击视口中"显示明暗处理材质"（图8-55）。

13. 返回"父对象"，选择4号材质，也将其转为"建筑"材质，将"模板"设置为"理想的漫反射"，在"漫反射贴图"后的按钮中拖入一张墙纸贴图，并将该贴图拖入"特殊效果"中的"凹凸"按钮上，并单击视口中"显示明暗处理材质"按钮（图8-56）。

14. 单击"渲染"，观察场景中的材质效果（图8-57）。

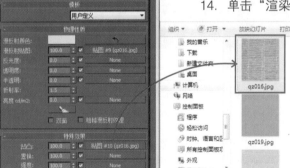

图8-56　设置材质贴图（二）

图8-57　场景渲染完毕

第9章 使用AutoCAD建模

在3ds Max 2013中建模，最常用的就是利用AutoCAD图形进行创建。AutoCAD可以精确地制作出每根线的尺寸，而3ds Max 2013中没有线的尺寸，只有图形的尺寸，这也正是利用AutoCAD图形进行建模的原因。本章以儿童卧室为例，介绍使用AutoCAD创建墙体模型的方法。

9.1 导入AutoCAD文件

难度等级
★☆☆☆☆

要将 AutoCAD中的文件导入到3ds Max 2013中比较简单，只是要注意将图纸中无关的图形、文字全都删除，保存好备份文件后再导入。

1. 新建场景，进行单位设置，在菜单栏点击"自定义"，选择"单位设置"，将公制与系统单位都设置成"毫米"，单击"确定"（图9-1）。

2. 导入CAD图形文件，单击左上角的"3D图标"，选择"导入"（图9-2）。

3. 打开"模型\第9章\平面布置图"（图9-3）。

4. 在弹出的对话框中勾选"焊接附近顶点"，并将"焊接阈值"设为10，单击"确定"（图9-4）。

5. 进入前视图，并切换至最大化视口，显示导入图纸文件全貌（图9-5）。

图9-1 设置单位   图9-2 导入文件

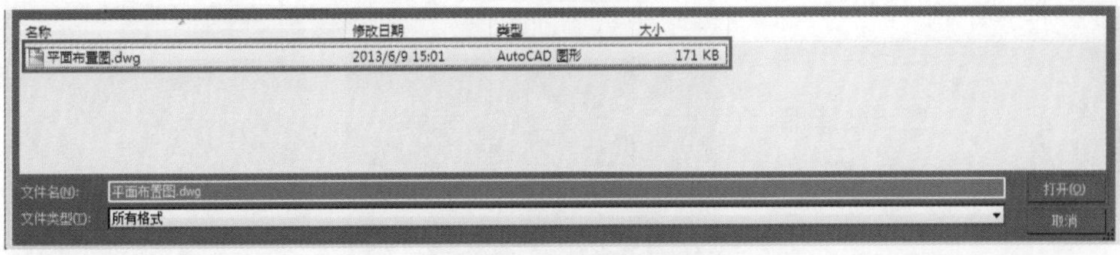

图9-3 选择导入文件

图9-4 勾选焊接附近顶点

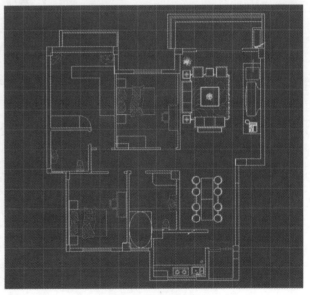

图9-5 最大化视口

导入的CAD图形文件应该尽量简洁，只导入必要的墙体、门窗、家具即可，主要用途仅供建模定位，建模完毕后即可删除。

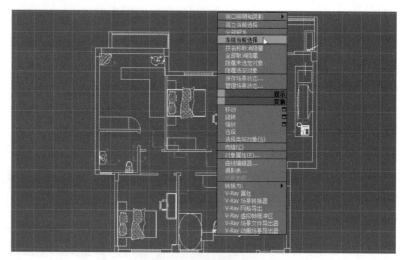

6. 框选所有导入的CAD图形文件，单击鼠标右键，在快捷菜单中选择"冻结当前选择"（图9-6），该图纸文件就被冻结了，不能再被选中，这样在后期建模时就不会选中冻结对象，避免出现误操作了。

图9-6　冻结当前选择

9.2　创建墙体模型

难度等级
★★☆☆☆

创建墙体是采用"二维线"，沿着墙体轮廓重新绘制一遍，再使用"拉伸"修改器变为三维模型。操作比较简单，但是要注意绘制的精确度，不能出现偏差。

1. 虽然冻结的图纸不能被选中，但是可以捕捉到图纸，将"3维捕捉"切换为"2.5维捕捉"，单击"捕捉"按钮不放，向下拖动即可选择"2.5维捕捉"（图9-7）。

2. 对着"2.5维捕捉"按钮，单击鼠标右键，在弹出的对话框中只将"顶点"勾选（图9-8）。

3. 切换到"选项"，勾选"捕捉到冻结对象"，关闭对话框（图9-9）。

4. 进入创建面板选择图形中的"线"进行创建，将图形放大，按键盘"G"键取消栅格线，从左上角开始，作顺时针捕捉绘制（图9-10）。

5. 按住鼠标中间滑轮可以推动视图，依次单击墙角，在门的两边都应单击顶点（图9-11）。

图9-7　选择2.5维捕捉

图9-8　勾选顶点

图9-9　勾选
"捕捉到冻结对象"

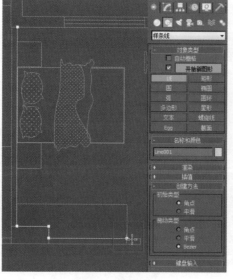

图9-10　创建线

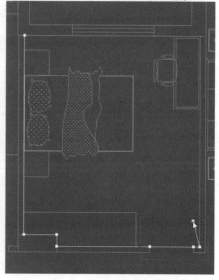

图9-11　单击门的顶点

6. 在窗的周边也需要单击顶点（图9-12）。

7. 回到原点，单击起始点，弹出"样条线"对话框，单击"是"（图9-13）。

8. 进入修改面板，在修改器列表位置单击鼠标右键，勾选"显示按钮"（图9-14）。

9. 继续在修改器列表位置单击右键，单击"配置修改器集"（图9-15）。

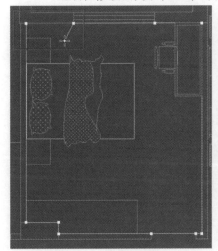

图9-12　单击窗的顶点

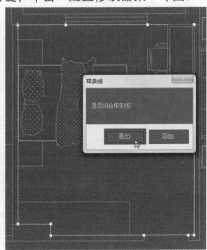

图9-13　闭合样条线

图9-14　勾选　　图9-15　单击
"显示按钮"　　"配置修改器集"

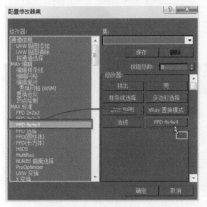

图9-16　选择常用修改器

图9-17　添加挤出

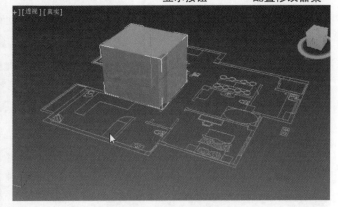

图9-18　挤出后效果

10. 在修改器集中，将几个常用的修改器拖入8个方框位置，完成后单击确定（图9-16）。

11. 直接在"修改器"控制面板中单击"挤出"按钮，将"数量"设为2900（图9-17）。

12. 单击视图区右下角的"最大化视口"按钮，观察透视图中的效果（图9-18）。

13. 再为其添加"法线"修改器，在视图中单击鼠标右键选择"对象属性"，勾选"背面消隐"（图9-19）。

14. 对着模型单击鼠标右键，将模型转换为可编辑多边形（图9-20）。

图9-19　勾选背面消隐

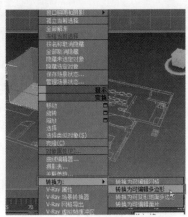

图9-20　选择转换为可编辑多变形

15. 按键盘上"F3"键，选择"边"层级，勾选"忽略背面"，最大化透视图视口，按住"Ctrl"键同时选中门的两条边（图9-21）。

16. 滑动修改面板滑块，选择"连接"后的按钮，连接一条边（图9-22）。

17. 使用"移动"工具，在屏幕下面的轴坐标的"Z"轴上输入2100（图9-23）。

18. 切换到"多边形"层级，选择门上的多边形，选择"挤出"，输入-120（图9-24）。

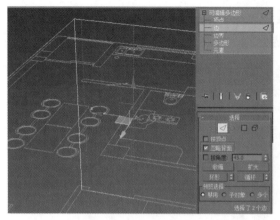

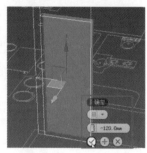

图9-21　勾选忽略背面　　　　图9-22　连接边　　图9-23　数码人像照片　图9-24　设置挤出值

19. 按键盘上的"Delete"键，删除此多边形，按"F3"键回到"实体显示"模式（图9-25）。

20. 单击最大化视口切换回到四视图，在顶视图中创建摄影机（图9-26）。

21. 选择摄影机的中线，在前视图提高摄影机的位置（图9-27）。

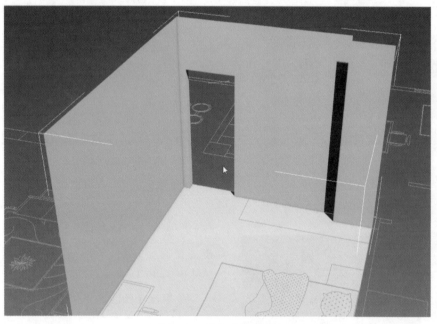
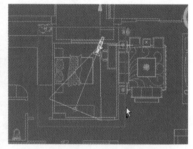
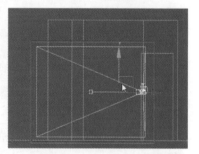

图9-25　显示实体模式　　　　　　图9-26　创建摄影机

图9-27　提高摄影机的位置

22. 单击摄影机，并进入修改面板，切换到透视图按"C"键将透视图改为摄影机视图，将摄影机的镜头选择"20mm"（图9-28）。

23. 在顶视图将摄影机向后移动到墙外，并在修改面板下面的"剪切平面"内勾选"手动剪切"，"近距剪切"值设为

图9-28　调整摄影机镜头

970，"远距剪切"值设为10000，对于"近距剪切"的参数设置没有定论，只是保证距离摄影机最近的红线刚过墙面即可（图9-29）。

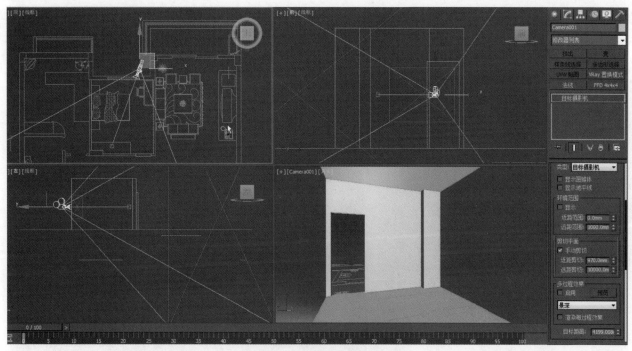

图9-29 设置摄影机剪切平面

9.3 制作创意吊顶与地面

难度等级
★★★☆☆

9.3.1 分离地面与顶面

分离地面与顶面的目的是为了更加方便深入地塑造模型，同时也能方便后期贴图。地面与顶面的创建模型内容较多，构造复杂，与墙面连接在一起不太方便，容易出错。

1. 最大化显示透视图，进入"多边形"层级，勾选"忽略背面"，选择底面并将底面与模型分离（图9-30）。

2. 分离底面，将对象名称改为"地面"，单击"确定"（图9-31）。

3. 选择顶面并将顶面分离，将分离对象"001"改为"天花板"，单击"确定"（图9-32）。

4. 单击右下角的最大化视口切换回到四视图，再将顶视图最大化显示（图9-33）。

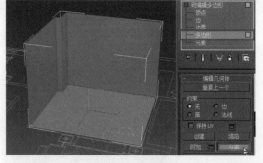

图9-30 单击分离

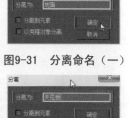

图9-31 分离命名（一）

图9-32 分离命名（二）

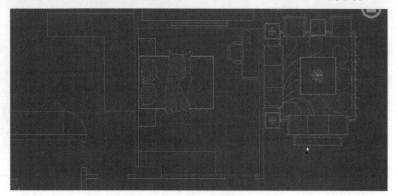

图9-33 顶视图

9.3.2 制作创意吊顶

1. 进入创建面板的图形的"样条线"级别，选择"圆"进行创建，关闭"捕捉"按钮，在视图中随机创建5个圆（图9-34）。

2. 进入修改面板，同时框选这5个圆，为其添加"挤出"修改器，挤出"数量"设为50（图9-35）。

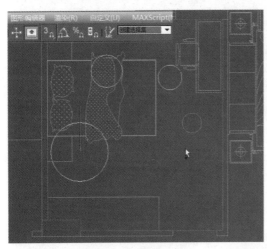

图9-34　创建5个圆

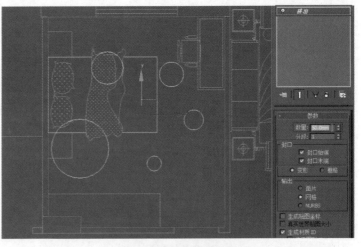

图9-35　设置挤出参数

3. 单击最大化视口，切换进入四视图，在前视图中将这5个圆柱体向上移动，直至接近顶部（图9-36）。

4. 在前视图中分别选择每个圆柱体，并将圆柱体在前视图中按从小到大的顺序，依次从下到上排列（图9-37）。

5. 给每个圆柱体创建吊绳，使用"线"工具在前视图进行创建线，使用"2.5维捕捉"单击圆上顶点，再单击天花板任意点（图9-38）。

6. 按键盘的"S"键关闭捕捉，使用"移动"工具，在顶视图中将线移好位置（图9-39）。

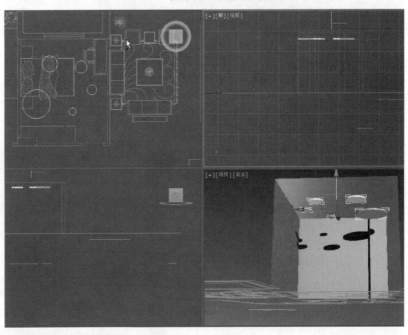

图9-36　移动圆柱体

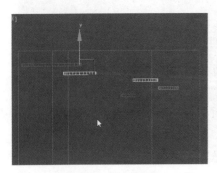

图9-37　高低排序

图9-38　创建线

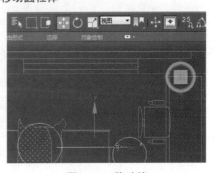

图9-39　移动线

7. 按键盘的"S"键打开捕捉，进入修改面板，展开"Line"选择"顶点"级别，将线的两个点捕捉到一起（图9-40）。

8. 回到"Line"级别，进入层次面板，选择"轴"里面的"仅影响轴"（图9-41）。

9. 在前视图中，将轴移动到黄色圆柱接近圆的中心点上（图9-42）。

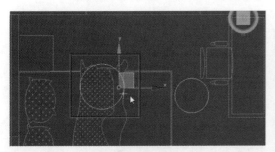

图9-40 捕捉顶点

图9-41 选择"仅影响轴"

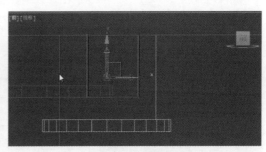

图9-42 移动轴

图9-43 阵列线

10. 切换到顶视图，单击"工具"选择"阵列"，将旋转切换到总计上面，并在"Z"轴输入360，"数量1D"设为10，选择实例的对象类型，单击"预览"（图9-43）。确认无误后，单击"确定"，阵列完毕（图9-44）。

11. 用上述方法给其余圆柱都接上吊绳，这样吊顶会比较奇特，如用在儿童房可以拓展儿童的思维能力（图9-45）。

图9-44 阵列线完毕

图9-45 吊顶制作完毕

9.3.3 赋予材质

1. 选中吊顶中最小的圆柱上的一根吊绳，进入修改面板，展开"渲染"卷展栏，并勾选"在渲染中启用"与"在视口中启用"（图9-46）。

2. 将下面的"径向厚度"设为3，逐一选中圆形吊顶上的吊绳，进行上述操作，但"径向厚度"从小到大依次增加2，直至11（图9-47）。

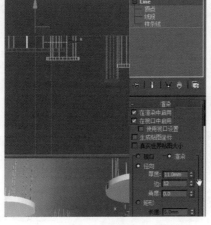

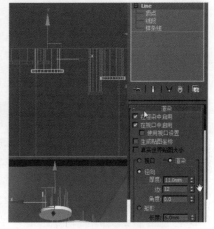

图9-46 勾选"在渲染中启用"与"在视口中启用"

图9-47 设置径向厚度

3. 打开"材质编辑器"，选择一个材质球，将其转为"建筑"材质，在"模板"中选择"理想的漫反射"，"漫反射颜色"改为浅绿色。选择墙面，将材质赋予墙面（图9-48）。

4. 选择第二个材质球，将其转为"建筑"材质，在"用户定义"中选择"理想的漫反射"，"漫反射颜色"改为浅蓝色，将其材质赋予顶面（图9-49）。

5. 选择第三个材质球，将其转为"建筑"材质，在"用户定义"中选择"油漆光泽的木材"，并在"漫反射贴图"中拖入一张木地板的贴图，将"反光度"设为75（图9-50）。

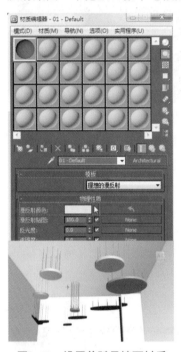

图9-48　设置并赋予墙面材质　　　图9-49　设置并赋予顶面材质

图9-50　设置并赋予地面材质

6. 单击视口中"显示明暗处理材质"按钮，将材质赋予地面，并为其添加"UVW贴图"修改器，将长度、宽度都设为600（图9-51）。

7. 选择第四个材质球，将其转为"建筑"材质，在用户定义中选择"理想的漫反射"，"漫反射颜色"改为浅白色，将其材质赋予5个吊顶圆盘（图9-52）。

8. 选择第五个材质球，将其转为"建筑"材质，在"用户定义"中选择"理想的漫反射"，"漫反射颜色"改为深棕色，并在"特殊效果"的"凹凸"按钮上加入一张贴图，将其材质赋予吊绳（图9-53）。

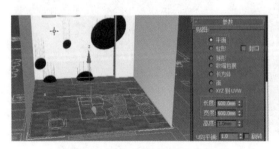

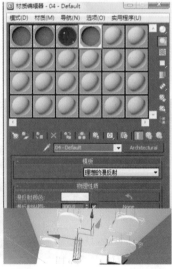

图9-51　添加"UVW贴图"修改器　　　图9-52　设置并赋予吊顶材质　　　图9-53　设置并赋予吊绳材质

9.4 制作门与灯槽

1. 进入前视图，打开"捕捉"工具，单击鼠标右键取消勾选"捕捉到冻结对象"（图9-54）。

2. 进入创建面板，创建"矩形"并捕捉门的外框顶点（图9-55）。

3. 单击鼠标右键取消继续创建，进入修改面板为其添加"挤出"修改器，挤出"数量"值设为30（图9-56）。

4. 取消"捕捉"，在顶视图中，将创建的矩形移动到门的位置上（图9-57）。

5. 打开"材质编辑器"，将材质转为"建筑"材质，选择"油漆光泽的木材"，并在"漫反射贴图"按钮上拖入一张门的贴图（图9-58）。

6. 将材质指定给门，单击视口中"显示明暗处理材质"，并为门添加"UVW贴图"修改器（图9-59）。

7. 将顶视图最大化显示，创建"线"，创建时可以打开"捕捉"工具，捕捉墙的外边顶点（图9-60）。

图9-54 取消勾选"捕捉到冻结对象"

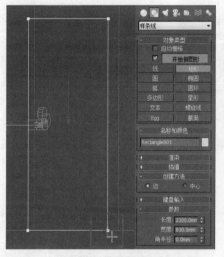

图9-55 创建矩形

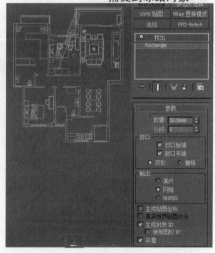

图9-56 添加"挤出"修改器

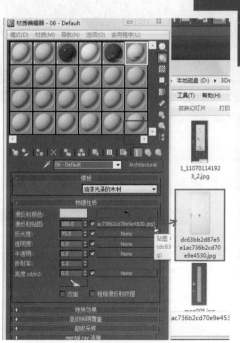

图9-58 设置并赋予门材质

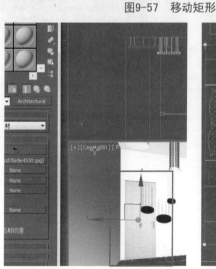

图9-57 移动矩形

图9-59 显示明暗处理材质

图9-60 闭合样条线

8. 关闭"捕捉"工具，在墙内部创建一个矩形，"长度"设为3051，"宽度"设为2515，"角半径"设为600（图9-61）。

9. 进入修改面板，选择刚捕捉的墙外边的线，在下面找到"附加"命令，单击"附加"再单击矩形（图9-62）。

10. 为其添加"挤出"修改器，挤出"数量"值设为100（图9-63）。

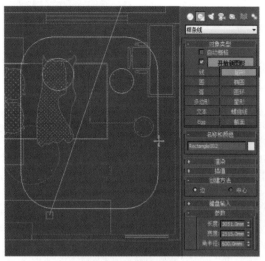
图9-61 创建矩形

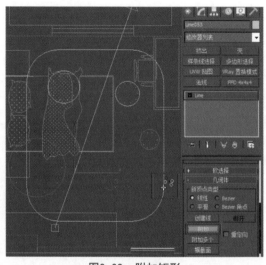
图9-62 附加矩形

图9-63 添加"挤出"修改器

11. 在前视图将其移好位置，并将浅蓝色材质球赋予给吊顶（图9-64）。

特别提示

装修效果图中的吊顶一般比较复杂，多采用这种"附加"工具来创建，在此基础上还可以做出更多变化，如多层级吊顶。但是吊顶的层次不宜过多，一般不超过3级，否则会显得顶部空间很重，给人带来压抑感。

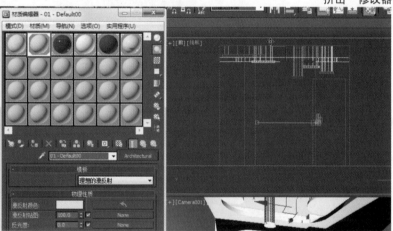
图9-64 设置并赋予吊顶材质

9.5 合并模型

难度等级 ★★★☆☆

合并能大幅度提高模型创建效率，前提时要预先收集大量模型。

1. 打开左上角的"3D图标"单击"导入"中的"合并"（图9-65）。

2. 在"模型\第9章\合并模型"中，先选择"床"模型文件进行合并（图9-66）。

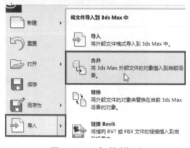
图9-65 合并模型

图9-66 选择"床"模型文件

3. 选择全部，并取消勾选"灯光"与"摄影机"，单击"确定"（图9-67）。

4. 由于此模型比较完美，不用调节大小与位置，所以合并下一模型时，可以按上述步骤将"床头柜"模型合并进来（图9-68）。

5. 选择全部，并取消勾选"灯光"与"摄影机"，单击"确定"，这时会弹出"重复材质名称"对话框，勾选"应用于所有重复情况"，并选择"自动重命名合并材质"（图9-69）。

6. 缩小顶视图，在顶视图中找到床头柜的模型（图9-70）。

7. 使用"移动"工具，将其移动到房间内，同时在其他三个视图中移动好位置（图9-71）。

图9-67 选择全部

图9-68 选择床头柜

图9-69 自动重命名合并材质

图9-70 找到床头柜模型

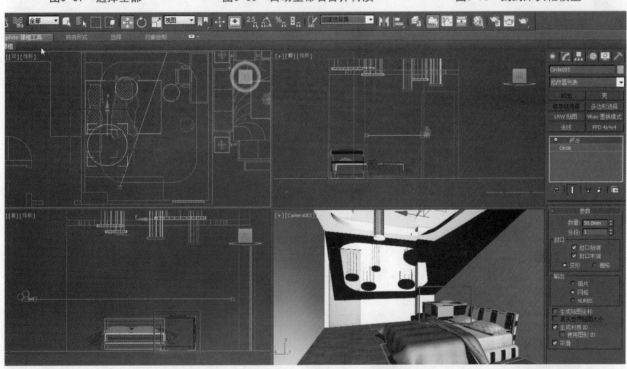

图9-71 移动床头柜

8. 使用缩放工具，在顶视图中对其进行整体"缩放"（图9-72）。

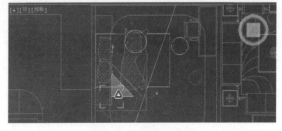

图9-72 缩放床头柜

9. 使用"旋转"工具，并在图标上单击鼠标右键，在弹出的对话框的偏移中的"偏移：屏幕Z"位置输入90，按键盘"Enter"键确定（图9-73）。

10. 调整好床头柜的位置后，并向床的另一侧复制一个床头柜（图9-74）。

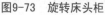

图9-73　旋转床头柜

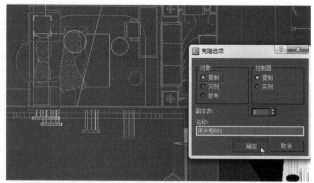

图9-74　复制床头柜

11. 继续合并模型桌子，在顶视图中找到模型后将其成组（图9-75），将"成组"组名改为"桌子"（图9-76），经过移动、缩放后调整好位置。

12. 合并剩下的模型成组且命名，将所有模型放好后，还需细微调节材质，移动摄影机的位置（图9-77）。

13. 将此房间模型使用V-Ray渲染器渲染，渲染之后即可得出场景效果图（图9-78）。

图9-75　模型成组　　　图9-76　成组命名

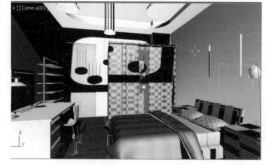

图9-77　合并并调整

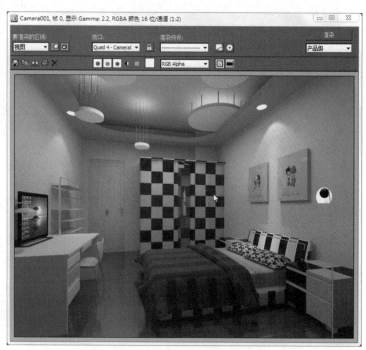

图9-78　房间模型渲染完毕

提高篇

高级材质灯光渲染

CHAOSGROUP
v·ray
VERSION 2.0

第10章 V-Ray介绍

在3ds Max 2013中，V-Ray是在装修效果图渲染必不可少的插件，目前与3ds Max 2013相匹配的版本为V-Ray Adv 2.30.01，它由专业渲染引擎公司Chaos Software开发完成，拥有"光线跟踪"与"全局照明"渲染器，用来代替3ds Max 2013中原有的"线性扫描渲染器"，V-Ray能更快捷、更交互、更可靠地满足行业需求，能将场景渲染得非常真实，是目前装修效果图制作的主流渲染器。本章主要介绍V-Ray的安装方法与界面操作。

10.1 V-Ray安装

难度等级
★★☆☆☆

1. 安装V-Ray Adv 2.30.01，双击打开安装文件（图10-1）。

2. 在弹出的对话框中单击"是"，进入安装界面后单击"继续"按钮（图10-2）。

3. 勾选"我同意'许可协议'中的条款"，单击"我同意"按钮（图10-3）。

图10-1 打开安装文件

4. 如果计算机中现有的3ds Max 2013软件安装在默认的"C"盘文件夹中，就选择"标准安装"，单击"继续"按钮（图10-4）。

5. 如果计算机中现有的3ds Max 2013软件安装在其他磁盘中，则选择"自定义安装"，找到3ds Max 2013的安装文件夹，单击"继续"按钮（图10-5）。

6. 选择"V-Ray Adv 2.30.01简体中文版"，单击"继续"按钮（图10-6）。

7. 确认安装目标位置无误后，单击"安装"按钮（图10-7）。

图10-2 安装启动界面

图10-3 同意许可协议

图10-4 标准安装

图10-5 选择安装目录

图10-6 选择简体中文版

图10-7 确认安装位置

8.　在安装进度条完成之后，单击"继续"按钮（图10-8）。

图10-8　正在安装

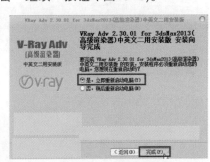

图10-9　安装完成

9.　安装完成之后，选择"是，立即重新启动电脑"，单击"完成"按钮（图10-9）。

10.　重新启动后，在桌面的"开始菜单"中找到V-Ray程序文件，并单击打开（图10-10）。

11.　打开3ds Max 2013，在菜单栏展开"渲染"菜单，选择"渲染设置"（图10-11）。

12.　进入渲染设置面板，将右边的滑块滑到最低层，展开"指定渲染器"卷展栏，单击"产品级"后面的"选择渲染器"按钮（图10-12）。

13.　在选择渲染器窗口中会看到新增了两个V-Ray渲染器，任意选择其中一个即可，这里选择"V-Ray Adv 2.30.01"（图10-13）。

14.　选择完毕之后，单击"保存为默认设置"，这样下次再使用渲染器时，就不用重复选择了（图10-14）。

图10-10　打开V-Ray程序

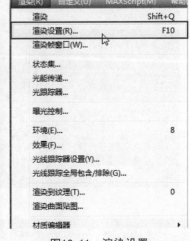

图10-11　渲染设置

图10-12　单击"选择渲染器"
　　　　　按钮

图10-13　选择渲染器

图10-14　保存为默认设置

渲染器是三维图形软件的核心部分，它能将制作完成的三维模型转换成二维图像，而且效果非常真实。渲染器分为硬件渲染器与软件渲染器两种。硬件渲染器通常基于底层图形API（应用程序接口）构建，采用适合硬件架构的光栅化方法进行渲染。图形API负责与硬件的通信，常用的图形API包括DirectX与OpenGL。软件渲染器则是利用计算机CPU的能力进行计算，通常采用光线追踪的方法进行渲染。软件渲染器没有统一的应用程序标准，但是有很多通用的渲染算法，如光子映射、蒙特卡洛、辐射度等。

　　硬件渲染器与软件渲染器应用领域不同，硬件渲染器主要用于实时渲染，如游戏与虚拟现实。而软件主要用于离线渲染，如高精度装修效果图的渲染，V-Ray就是一款流行的软件渲染器。软件渲染器虽然速度不够理想但是可以使用非常复杂的渲染算法，达到照片级的真实效果。

特别提示

10.2 V-Ray界面介绍

10.2.1 V-Ray主界面

1. 在渲染设置中单击V-Ray，打开了V-Ray渲染器的"渲染设置"面板，里面总共有9项，第一项为授权，用于该软件注册认证。

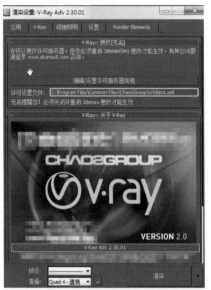

2. 第二项是关于V-Ray的介绍（图10-15）。

3. 第三项是帧缓冲区，勾选"启用内置帧缓冲区"，单击"渲染"按钮就可以使用"V-Ray帧缓冲"功能（图10-16）。

图10-15　V-Ray渲染器介绍

图10-16　帧缓冲区

4. 第四项是全局开关，可以控制整个模型场景的灯光、材质、渲染等重要选项的面板（图10-17）。

5. 第五项是图像采样器，是控制图像的细腻程度与抗锯齿的选项，不过图像越细腻、抗锯齿越好，渲染时间就越长（图10-18）。

图10-18　图像采样器

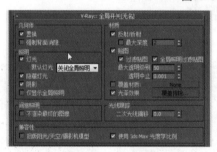

图10-17　全局开关

图10-19　自适应DMC图像采样器

6. 第六项是自适应DMC图像采样器，这一项主要是控制细分值，一般不更改（图10-19）。

7. 第七项是环境，是设置场景周围环境的选项，或是"全局照明环境（天光）覆盖"，或是"反射/折射环境覆盖"（图10-20）。

8. 第八项是颜色贴图，是控制整体的亮度与对比度的选项（图10-21）。

9. 第九项是摄影机，是给V-Ray摄影机添加特效的选项（图10-22）。

图10-20　环境

图10-21　颜色贴图

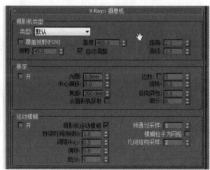

图10-22　摄影机

10.2.2　V-Ray间接照明

1. 间接照明，能控制场景中的光线进行光能传递全过程的重要选项，可以让场景达到真实的渲染效果（图10-23）。

2. 发光图，其中内容较多，是控制渲染图像细腻程度的重要选项（图10-24）。

3. BF强算全局光，是控制场景整体光的细分与反射次数的选项（图10-25）。

4. 焦散，是让透明或半透明物体在强光照射下产生焦散效果的选项（图10-26）。

图10-24　发光图

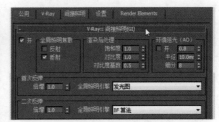

图10-23　间接照明

图10-25　BF强算全局光

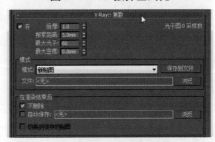

图10-26　焦散

10.2.3　V-Ray设置

1. DMC采样器，是控制整个场景的图像细分值的选项（图10-27）。

2. 默认置换，是调节图像的细分与清晰程度的选项（图10-28）。

3. 系统，是设置各个渲染面板及细微渲染变化的选项（图10-29）。

图10-27　DMC采样器

图10-28　默认置换

图10-29　系统

第11章 V-Ray灯光

V-Ray灯光与3ds Max 2013中的普通灯光是完全不同的，3ds Max 2013中的灯光只是模拟灯光效果，无法提供真实的阴影效果，而V-Ray中的灯光可以提供非常真实的阴影效果，从而使装修效果图显得特别精致。

11.1 灯光

难度等级
★★★☆☆

V-Ray灯光是在场景中使用最多的灯光之一，从室内的照明到装饰性的灯带都离不开V-Ray灯光，本节介绍V-Ray灯光的参数与选项，讲解灯光的创建与使用方法。

1. 打开场景文件"第11章\场景01"，进入创建面板选择"VR灯光"（图11-1）。

2. 在顶视图中创建一个VR灯光（图11-2）。

3. 进入参数面板，勾选"常规"中的"开"，这能控制灯光的开关，取消勾选将会关闭灯光，一般应勾选"启用视口着色"，这会改变下次打开的场景。"单位"是指灯光强度的单位，展开有5种不同的单位选择，不同的单位应给予不同的数值，一般使用"默认（图像）"即可（图11-3）。单击上方的"排除"按钮，可以进入"排除/包含"选项，这里能控制灯光是否对某些物体进行照射（图11-4）。

   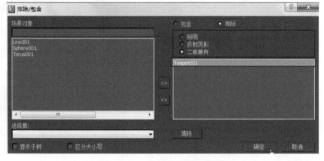

图11-1 选择 VR灯光　　图11-2 创建VR灯光　　图11-3 参数　　图11-4 排出/包含选项

4. 类型，用于选择灯光形状，不同的形状会照射出不同的效果，这是球体灯光的渲染效果（图11-5）。

特别提示

V-Ray灯光宜精不宜多。过多的灯光使工作过程变得杂乱无章，难以处理，显示与渲染速度也会受到严重影响，只有必要的灯光才应保留。要注意灯光投影、阴影贴图、材质贴图的用途，能用贴图替代灯光的地方最好用贴图替代。例如，要表现夜间从室外观看窗户内灯火通明的效果，用自发光贴图会方便得多，效果也很好，而不宜用真实灯光模拟。

灯光要体现场景的明暗分布，要有层次，切不可对所有灯光同等处理。要根据需要选用不同种类的灯光，应该在灯光衰减上下功夫。还可以暂时关闭某些灯光，能方便其他灯光设置。

图11-5 球体灯光渲染效果

5. 模式，可以选择"颜色"与"温度"两种来调节灯光颜色，这时选择"温度"，这是将"温度"值设为4300后的效果（图11-6）。

6. 大小，长、宽数值仅为实际长宽的1/2，而且灯光的大小会影响灯光的强度，当灯光长、宽分别为150与500的效果如图11-7所示。

图11-6 设置模式温度的效果　　　　　　　　　图11-7 设置灯光大小数值的效果

7. 选项，勾选"投射阴影"则有阴影，取消则无，取消勾选的效果如图11-8所示。

8. 双面，勾选"双面"可以使面光源两面都发光，勾选后的效果如图11-9所示。

9. 不可见，可以使面光源在渲染时可见或可不见，勾选后的效果如图11-10所示。

图11-8 取消投射阴影的效果　　　　图11-9 勾选双面的效果　　　　图11-10 勾选不可见的效果

10. 忽略灯光法线，面光源中间会有一圈法线，这会影响灯光效果，取消勾选后效果如图11-11所示。

11. 不衰减，使灯光不产生衰减效果，勾选不衰减灯光会非常强烈，勾选后的效果如图11-12所示。

12. 天光入口，是场景中有天光或其他光进入的时候，不进行遮挡，用于灯光测试。

13. 储存发光图，是只渲染场景中光滑物体的反光部分，勾选后的效果如图11-13所示。

14. 影响漫反射，是指光线对漫发射材质的影响，取消勾选"影响漫反射"，然后渲染场景，这时的效果与勾选"储存发光图"是一样的。

图11-11 取消忽略灯光法线的效果　　　图11-12 勾选不衰减的效果　　　图11-13 勾选储存发光图的效果

图11-14 勾选
影响高光反射

15. 影响高光反射，取消勾选后，场景中的高光发射物体将不会产生该灯光的高光，不过勾选"影响反射"后，本项无效（图11-14）。

16. 影响反射，取消勾选后场景中的镜面反射物体将不会反射灯光的影像，取消勾选"影响高光反射"与"影响反射"后的效果如图11-15所示。

17. 采样，其中的"细分"是控制该灯光线的细腻程度的，值越高就越细腻，效果图效果就越好，不过值不宜过大，会影响电脑渲染时间的，"细分"值为24时的效果如图11-16所示。

18. 阴影偏移，是让场景中的阴影产生一定的偏移，一般保持不变。

19. 中止，可以控制灯光的照射范围，让其在一定范围内进行照射，"中止"值设为2的效果如图11-17所示。

图11-15 取消影响反射的效果

图11-16 设置细分的效果

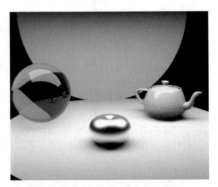
图11-17 设置中止的效果

11.2 阴影

难度等级
★★★★☆

V-Ray阴影是指在使用光度学文件时的阴影，光度学文件又称为光域网，这种阴影能使灯光产生更加真实的效果。

1. 打开配书光盘"模型\第11章\场景02"中场景文件，在创建面板中选择灯光下的"光度学灯光"，并选择"自由灯光"，在顶视图中进行创建（图11-18）。

2. 在前视图中将其移动好位置，并进入修改命令面板（图11-19）。

3. 在修改面板中将灯光的分布类型改为"光度学Web"，并单击下面的"选择光度学文件"按钮（图11-20）。

4. 进入配书光盘文件夹中的"模型\第11章\光域网"，选择"聚光筒灯.IES"（图11-21）。

5. 在前视图中，将灯光向上移动至

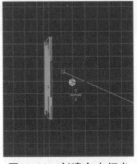
图11-18 创建自由灯光

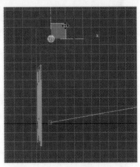
图11-19 移动灯光

图11-20 选择
光度学文件

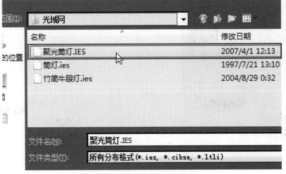
图11-21 选择光域网

图11-22 选择
VRay阴影

合适的位置，并在修改面板"阴影"中勾选"启用"，将"阴影类型"改为"VRay阴影"（图11-22）。

6. 将修改面板向下滑动，在下面会出现"VRay阴影参数"卷展栏，保持默认参数，渲染场景（图11-23）。

7. 透明阴影，此项能控制透明物体或半透明物体的阴影是否显示，由于本场景无透明物体，所以对本场景不受影响，一般此项应保持勾选。

8. 偏移，输入数值会将本场景中的阴影偏移一定距离，输入数值10，可以发现阴影向内收缩了一部分，如图11-24所示。

9. 区域阴影，区域阴影可将阴影的边缘进行模糊处理，形成朦胧的效果，勾选后的效果如图11-25所示。

图11-23 默认渲染的效果

图11-24 设置偏移的效果

图11-25 勾选区域阴影的效果

10. 长方体与球体，默认为"球体"类型，当转换为"长方体"类型时，阴影边缘的模糊程度将有所减弱，改为长方体的效果如图11-26所示。

11. U、V、W大小，这三个数值是控制阴影边缘的模糊程度的，值越大程度越强，三个数值均设为50的效果如图11-27所示。

12. 细分，是增加阴影边缘细腻程度的选项，值越大越细腻，效果也越好，细分参数默认为8的效果如图11-28所示。

图11-26 长方体效果

图11-27 设置U、V、W参数的效果

图11-28 设置细分参数的效果

11.3 阳光

V–Ray阳光是一种专业的太阳光，在场景中可以模拟真实的太阳光的效果。

1. 打开配书光盘"模型\第11章\场景03"，在创建面板选择"VRay摄影机"，选择"VR物理摄影机"，并在顶视图中创建（图11-29）。

2. 在前视图中将其移动好位置，并按"C"键将透视图切换为摄影机视图（图11-30）。

3. 按"Shift+C"键隐藏摄影机，在创建面板中选择"VR太阳"，在前视图中创建一个VR阳光（图11-31）。

4. 在左视图中调整灯光的位置，切换到摄影机视图，渲染场景（图11-32）。

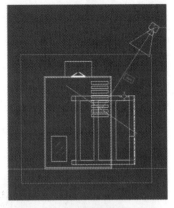

图11-29　创建VR物理摄影机

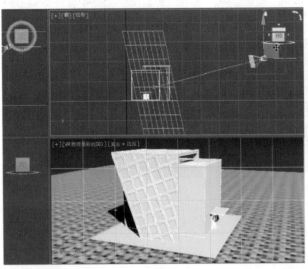

图11-30　移动摄影机

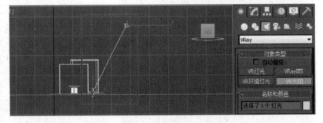

图11-31　创建VR阳光

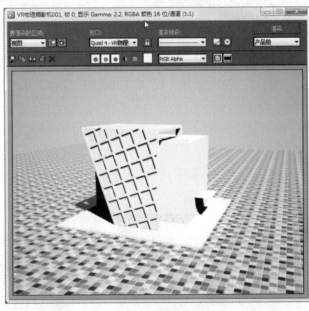

图11-32　场景渲染效果

图11-33　太阳
参数卷展栏

5. 进入修改面板，打开"太阳参数"卷展栏，第一项启用是控制灯光的开关选项，二~四项的参数与VRay灯光的参数相同，这里就不再重复介绍（图11-33）。

6. 投射大气阴影，是模拟大气层的选项，勾选后能让光线效果更加逼真（图11-34）。

7. 浊度，是控制空气浑浊的参数，数值越高光线就越昏暗，反之越明亮，当浊度为10的效果如图11-35所示。

8. 臭氧，是控制臭氧层浓度的参数，值越高光线越冷，值越低光线就越暖，当臭氧为1时的效果如图11-36所示。

9. 强度倍增，这个值一般在使用"VR物理摄影机"时为1左右，但使用普通相机或不使用相机时这个值就应设为0.03左右。在摄影机视图按"P"键切换回到透视图，这是渲染后效

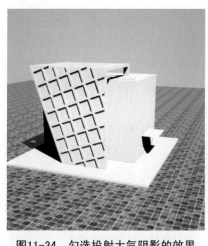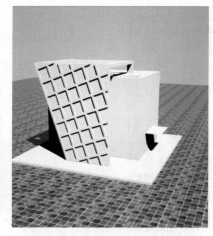

图11-34　勾选投射大气阴影的效果　　　　图11-35　设置浊度参数的效果　　　　图11-36　设置臭氧参数的效果

果（图11-37），这时场景会产生强烈的曝光，只有将倍增值改为0.03左右时才会恢复正常。

10. 大小倍增，能控制灯光的大小，这个值越高阴影就越模糊，反之就越清晰，值为10的效果如图11-38所示。

11. 过滤颜色，选择灯光颜色，一般选择偏暖黄色的颜色，不过制作特效时可以根据需要选择，这里将颜色调整为冷紫色，制造夜晚的灯光效果，如图11-39所示。

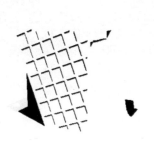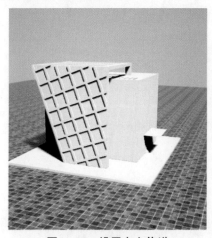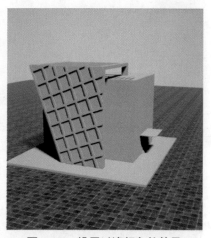

图11-37　设置强度倍增　　　　　图11-38　设置大小倍增　　　　　图11-39　设置过滤颜色的效果
　　　参数的效果　　　　　　　　　参数的效果

V-Ray阳光的参数设置有很多技巧，在实际操作中要根据要求来选用，这里介绍一些参数的使用方法，仅供参考。

1. 浊度。一般情况下，白天正午时数值为4～6，下午时为7～10，傍晚时可到13，最大值不超过20，阳光的冷暖也与自身存在的角度有关，越垂直越冷，角度越小越暖。

2. 臭氧。一般对阳光没有太多影响，对VR的天光有影响，一般不调。这个参数越高，也就是臭氧的浓度越高，阳光就会受阻挡，阳光照射的强度就会降低，反之亦然。

3. 强度倍增。一般与浊度参数有关，浊度参数越大，阳光越暖，同时也越暗，就要加大这个参数，可以调到0.04～0.09之间，一般应反复调试。

4. 大小倍增。是指太阳的大小，这个参数越大，太阳也就越大，就越会产生远处虚影的效果. 一般的时候这个参数为3～6，这个参数与下面的第5个参数有关。

5. 阴影细分。当物体边有阴影虚影的时候，细分值应越大，否则就会有很多噪点. 一般的数值为5～14。

总之，浊度与强度倍增两者之间应作多次调整，大小倍增与阴影细分两者之间也应作多次调整，这两组参数之间相互影响。

特别提示

提高篇

12. 阴影细分，是调节阴影的细腻程度的选项，数值越大阴影越细腻，反之越粗糙，值为20的效果如图11-40所示。

13. 阴影偏移，是控制阴影长短的选项，与上节V-Ray阴影中功能相同。

14. 光子发射半径，本项是使用"光子图文件"时，场景对"光子图文件"细腻程度的控制，数值对本场景无效。

15. 天空模型，这里提供了三个固定场景的模型，前面使用的都是默认效果，里面包括"CIE 清晰（即晴天）"与"CIE 阴天（即阴天）"两种，"CIE 清晰（即晴天）"的效果如图11-41所示。

16. 间接水平照明，能控制灯光对地面与背景贴图的照射强度，现在将这个参数缩小至默认状态下的10%，这时设为2500的效果（图11-42）。

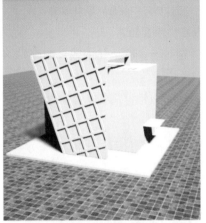 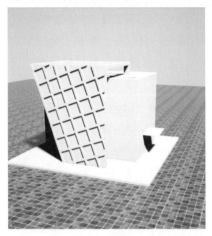 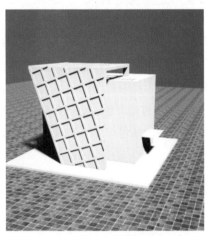

图11-40　设置阴影细分　　　　　图11-41　设置CIE清晰　　　　　图11-42　设置间接
　　　参数的效果　　　　　　　　（即晴天）的效果　　　　　　水平照明参数的效果

17. 排除，"VR太阳"能排除对场景中某一物体或某些物体的照射，这是排除对地面照明的效果（图11-43）。

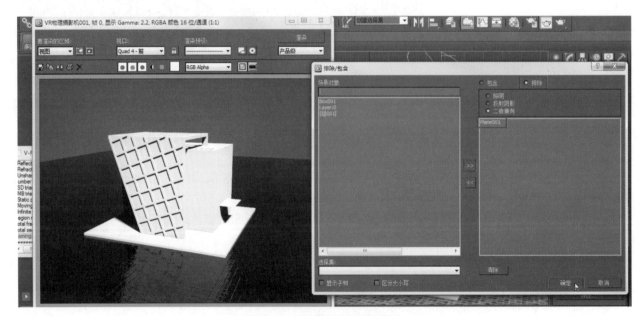

图11-43　设置排除地面的效果

11.4　天空贴图

1. 打开配书光盘"模型\第11章\场景04"，在菜单栏的"渲染"中选择"环境"，在弹出的"环境和效果"面板中单击"环境贴图"下的按钮，添加一张"VR天空"贴图（图11-44）。

2. 双击选择"VR天空"后，打开"材质编辑器"，将"VR天空"贴图拖入到一个空的材质球里面去（图11-45）。

图11-44　添加VR天空贴图

图11-45　赋予材质球

3. 现在该材质显示就是"VRay天空参数"的卷展栏，勾选第一项"指定太阳节点"，就可以调节下面的参数了（图11-46）。

4. 太阳光，此项是让此贴图与场景中"VR太阳"产生关联的选项，单击后面的"None"按钮，然后单击场景中的"VR太阳"，就可以将两者联系起来，使这两者

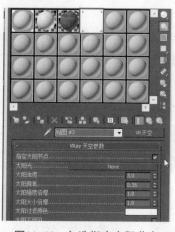
图11-46　勾选指定太阳节点

图11-47　选择VR太阳

相互关联（图11-47）。

5. 以下参数与上节"VR太阳"的参数相同，调节各项会改变环境效果，这是默认状态下的渲染效果（图11-48）。

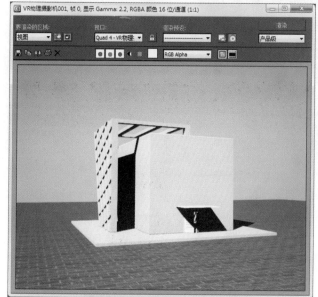
图11-48　天空贴图渲染效果

特别提示

在3ds Max 2013中默认状态下，是没有"VR天空"贴图选项的，需要开启"VR渲染器"才有。

如果不希望使用"VR天空"贴图了，可以在渲染面板中，在"环境贴图"长按钮上单击右键，弹出快捷菜单，点击"清除"即可。

"VR天空"贴图的色彩可以随意调整，初学者如果没有太多经验，可以参考拍摄效果较好的风景照片上的天空色彩。一般而言，渲染的图像上部偏蓝，下部偏灰，略带一些红色即可。如果希望营造清晰的效果，下部也可以偏白。

第12章　V-Ray常用材质

在V-Ray中，最常用的材质就是V-RayMtl，在模型场景中，几乎所有材质都可以通过它进行调节，在调节V-RayMtl材质时，可以输入固定参数来模拟生活中真实的材料质地。本章不仅介绍V-RayMtl材质的使用方法，还给出具体参数供参考。

12.1　VRayMtl材质介绍

难度等级
★★★★☆

1. 打开配书光盘"模型\第12章\场景01"（图12-1），并将灯光的长"细分"值调整为24。

2. 打开"材质编辑器"，新建第一个材质，在"材质编辑器"中找到"V-Ray Adv 2.30.01"并展开，选择"VRayMtl"（图12-2）。

3. 将其赋予给地面，调节下面的参数，第一项为漫反射，可改变物体的漫反射颜色，点击后面的小按钮为其添加漫反射贴图（图12-3）。

4. 粗糙度，能调节物体表面的粗糙程度，值越高物体表面就越粗糙，

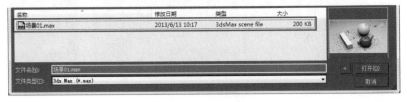

图12-1　打开模型

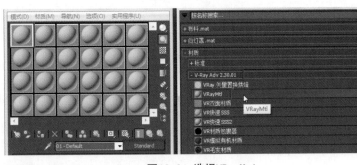

图12-2　选择VRayMtl

点击后面小按钮可以添加贴图。这个值越大，对场景中光线的反射就越低，场景就越暗。"粗糙度"值设为1的效果如图12-4所示。

5. 反射，可以控制模型材质的反射效果，为其选

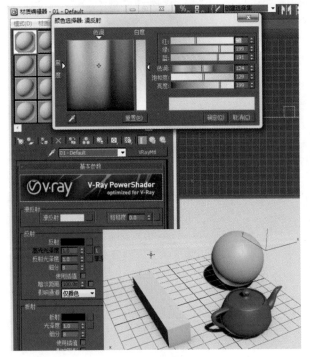

图12-3　设置色彩

图12-4　设置粗糙度的效果

择颜色，当颜色为黑白时，调节参数只会影响其反射程度，当颜色为彩色时，不仅会影响反射程度，还会影响物体表面颜色。修改颜色可以选择补色，两者的共同点是越接近白色反射越强烈，越接近黑色反射越弱，也可为其添加贴图，将"反射颜色"设为绿色的效果如图12-5所示。

图12-5 设置反射的效果

6. 高光光泽度，可以调节物体的高光大小，单击后面的"L"按钮取消锁定，调节数值就可改变其高光大小，默认值为1，值越小高光就越大，物体表面就越模糊。值为0.5的效果如图12-6所示。

7. 菲涅耳反射，菲涅耳反射是模拟表面比较光滑，但又自己有颜色的物体的反射。选择一个新的材质球赋予给球体，将其转为"VRayMtl"材质，为其给予较浅的颜色，将反射调整为全白色，并勾选"菲涅耳反射"，当反射为全白色时，物体就会变成不锈钢的金属效果，但勾选"菲涅耳反射"后，物体就会呈现出自身的漫反射颜色（图12-7）。

8. 反射光泽度，此项是决定物体表面的光滑程度的，这个值越低物体表面就越粗糙，当这个值降低时相应的下面的细分值也就要提高。将"反射光泽度"设为0.7，"细分"设为15的效果如图12-8所示。

图12-6 设置高光光泽度的效果

图12-7 勾选菲涅耳反射的效果

图12-8 设置反射光泽度的效果

9. 折射，可以让物体产生透明的效果，可做出玻璃或水的效果。新建一个材质球，给予一定的颜色与反射颜色，并勾选"菲涅耳反射"，将折射调整为灰白色的效果（图12-9）。也可以为"折射"选择颜色，还可以添加贴图。折射率，此项为固定的物理属性，

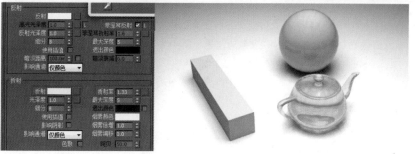

图12-9 设置折射的效果

玻璃的折射率为1.6，水的折射率为1.33。

10. 光泽度，会使透明物体内部形成浑浊的效果，变得不那么通透，可产生磨砂玻璃效果。"光泽度"设为0.7，"细分"设为15的效果如图12-10所示。

11. 烟雾颜色，是为该透明物体添加颜色的，不过这个值相当敏感，必须将所选的颜色调整到接近白色的颜色位置，不然物体会变成黑色，若颜色太深，可以调节下面的"烟雾倍增"，将倍增值降低，调整参数后效果如图

图12-10　设置光泽度的效果

12-11所示。

12. 影响阴影，勾选后该物体的阴影就会形成透明的阴影效果（图12-12）。

13. 展开贴图卷展栏，里面有各种性质的贴图，添加不同的贴图会产生不同的效果，最常用的是"漫反射"与"凹凸"贴图（图12-13）。

14. 更多参数设置表现比较细微，或用于角色动画，或用于特定效果。而在装修效果图制作中，其他参数与材质一般保持默认不变，因此这里就不再一一介绍了。

图12-11　设置烟雾颜色的效果

图12-12　勾选影响阴影的效果

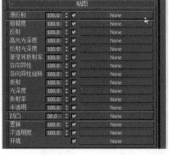

图12-13　贴图

在VRayMtl材质中可以设置非常丰富的效果，下面列举各种常用材质的参数设置，以供参考。

1. 木材。亮光木材漫反射加贴图，反射为36灰，高光光泽度为0.7；亚光木材漫反射加贴图，反射为35灰，高光光泽度为0.6。

2. 不锈钢。镜面不锈钢漫反射为黑色，反射为255灰；亚面不锈钢漫反射为黑色，反射光泽度为200灰，反射光泽度为0.8。拉丝不锈钢漫反射为黑色 反射为衰减贴图（黑色部分贴图）。

3. 陶器。漫反射为白色，反射为255，勾选菲涅耳反射。

4. 砖石。亚面石材漫反射加贴图，反射为100灰，高光光泽度为0.5，设置凹凸贴图；抛光砖漫反射加平铺贴图，反射为255，高光光泽度为0.8，勾选菲涅耳反射；普通地砖漫反射加平铺贴图，反射为255，高光光泽度为0.8，勾选菲涅耳反射。

5. 玻璃。清玻璃漫反射加灰色，反射为255，折射为255，折射率为1.5；磨砂玻璃漫反射加灰色，反射为255，高光光泽度为0.8。

12.2 调节VRayMtl常用材质

难度等级
★★★★☆

12.2.1 白色乳胶漆

打开上节场景,打开"材质编辑器",选择一个空材质球,将其转为"VRayMtl材质",命名为"白乳胶",调整材质参数,并赋予模型(图12-14)。

12.2.2 高光木材与亚光木材

1. 选择一个空材质球,将其转为"VRayMtl"材质并取名为"高光木材",在漫反射位置拖入一张木材贴图,将其赋予地面,并在视图中显示(图12-15)。

2. 为其添加"UVW贴图"修改器,调整"大小"为100×100。将"反射颜色"中的红、绿、蓝均设为40,并将"高光光泽度"设为0.8,渲染后很鲜亮(图12-16)。

3. 将高光木材的材质球拖到一个新的材质球上,将其命名为"亚光木材",将"反射光泽度"设为0.8,将其赋予球体,渲染后的效果如图12-17所示。

12.2.3 高光不锈钢与亚光不锈钢

1. 选择一个新的材质球,将其转为"VRayMtl材质",并取名为

图12-14 白色乳胶漆

图12-15 赋予材质

图12-16 高光木材

图12-17 亚光木材

"不锈钢"，将"漫反射颜色"设为黑色，将其"反射颜色"调整为白色，渲染后的效果如图12-18所示。

2. 将不锈钢材质球拖到一个新的材质球上，并命名为"亚光不锈钢"，将其"反射颜色"设为208，"反射光泽度"设为0.8，将其赋予长方体，并在菜单栏中将"渲染环境颜色"改为灰白色，渲染后的效果如图12-19所示。

图12-18　高光不锈钢

图12-19　亚光不锈钢

12.2.4　陶瓷

打开"模型\第12章\场景02"，在"材质编辑器"中选择一个新材质球，将其转为"VRayMtl"材质，并取名为"白陶瓷"，将"漫反射颜色"设为白色，然后将"反射颜色"也设为白色，勾选"菲涅耳反射"，将材质赋予给茶壶，渲染后的效果如图12-20所示。

12.2.5　亚光石材

1. 在"材质编辑器"中选择一个新材质球将其转为"VRayMtl"材质，并命名为"亚光石材"，并将一张石材贴图拖入到贴图位置，将"反射颜色"设为100左右，"高光光泽度"设为0.5，"反射光泽度"设为0.8，渲染后的效果如图12-21所示。

2. 关闭"基本参数"卷展栏，展开"贴图"卷展栏，将"漫反射"中的

图12-20　陶瓷

图12-21　亚光石材（一）

图12-22　亚光石材（二）

贴图向下拖动到"凹凸"后的位置，选择"实例"复制，并将"凹凸"值设为100，渲染后的效果如图12-22所示。

12.2.6　地板砖

1. 在"材质编辑器"中选择一个新材质球，将其转为"VRayMtl"材质，并取名为"地板砖"，在"漫反射"贴图上单击选择贴图，在贴图中选择"平铺"，将材质赋予地面，显示贴图（图12-23）。

2. 在标准控制中的"预设类型"中选择"堆栈砌合"，进入下面的"高级控制"，单击"纹理"后的"None"按钮，选择"位图"，找到一张石材贴图并显示，并将"水平数"与"垂直数"都设为2，再将砖缝的"水平间距"与"垂直间距"都设为0.2（图12-24）。

3. 返回到最顶级面板，将"反射"颜色设为白色，勾选"菲涅耳反射"，并将"高光光泽度"设为0.8，"反射光泽度"设为0.98，这是渲染后的场景效果（图12-25）。

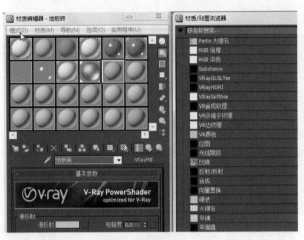

图12-23　地板砖（一）　　　　图12-24　地板砖（二）　　　図12-25　地板砖（三）

图12-26　木地板（一）

12.2.7　木地板

1. 在"材质编辑器"中选择一个新材质球，将其转为"VRayMtl"材质，并取名为"木地板"，在"漫反射贴图"位置单击选择贴图，在贴图中选择"平铺"，将材质赋予地面，显示贴图。

2. 在标准控制中的"预设类型"中选择"连续砌合"，进入下面的"高级控制"，单击"纹理"后面的"None"按钮，选择位图，找一张木材贴图并显示，并将"水平数"设为1，"垂直数"设为10，将砖缝的"水平间距"与"垂直间距"均设为0.1（图12-26）。

3. 返回到最顶级面板，将"反射"颜色调整为70左右，"反射光泽度"改为0.9，进入"贴图"卷展栏，将"漫反射"的贴图拖到"凹凸"的贴图位置，选择"复制"，并将"砖缝纹理"改为黑色，渲染后的场景效果如图12-27所示。

图12-27　木地板（二）

12.2.8　玻璃与磨砂玻璃

1. 在"材质编辑器"中选择一个新材质球，将其转为"VRayMtl"材质，并取名为"玻璃"，在场景中创建一个长方体作为玻璃，调整材质参数，将"反射颜色"设为白色，勾选"菲涅耳反射"，将"折射颜色"也设为白色，渲染后的场景效果如图12-28所示。

2. 将玻璃材质向右复制一份到新材质球上，并改名为"磨砂玻璃"，将"反射光泽度"设为0.7，"折射光泽度"也设为0.7，将其赋予给圆环，渲染后的场景效果如图12-29所示。

12.2.9　一般布料

1. 打开配书光盘中"模型\第12章\场景03"，打开"材质编辑器"，选择一个新的材质球，将其转为"VRayMtl"材质，并命名为"布料"，在其"漫反射"贴图位置拖入一张布料贴图（图12-30）。

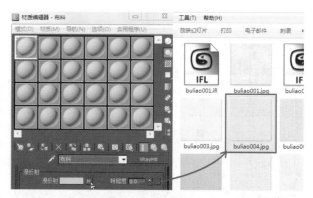

图12-30　一般布料（一）

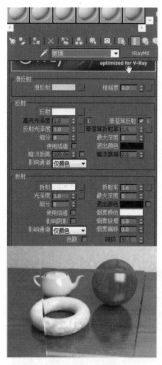

图12-28　玻璃　　　　图12-29　磨砂玻璃

图12-31　一般布料（二）

2. 展开贴图卷展栏，将"漫反射"贴图复制到"凹凸"贴图位置，选择"实例"复制的方法，并将"凹凸"值设为30。单击沙发，在菜单栏的组里选择打开，依次赋予每个物体（图12-31）。

3. 给沙发添加"UVW贴图"修改器，选择"长方体"贴图，将长度、宽度、高度都设为8000，渲染后的场景效果如图12-32所示。

12.2.10　绒布

1. 在"材质编辑器"中选择一个新材质球，将其转为"VRayMtl"材质，并取名为"绒布"，单击"漫反射"贴

图12-32　一般布料（三）

图，在"标准贴图"中选择"衰减"（图12-33）。

2．将"衰减"第一个颜色改为蓝色，将此材质赋给抱枕，渲染后的效果如图12-34所示。

图12-33 绒布（一）

12.2.11 地毯

1．在该场景地面上创建一个平面，并旋转到合适的位置，进入修改面板，为该平面添加"VRay置换模式"修改器（图12-35）。

2．进入之后选择"2D贴图"，并在"纹理贴图"位置拖入一张绒毛地毯的贴图（图12-36），将下面的"数量"设为5。

3．在"材质编辑器"中选择一个新材质球将其转为"VRayMtl"材质并取名为"地毯"，将"漫反射颜色"设为橙色，渲染后的场景效果如图12-37所示。

图12-34 绒布（二）

12.2.12 皮革

1．在"材质编辑器"中选择一个新材质球，将其转为"VRayMtl"材质，并取名为"皮革"，在"漫反射"位置拖入一张皮革的贴图，并在视图显示贴图（图12-38）。

2．将"反射颜色"设为50左右，"高光光泽度"设为0.6，"反射光泽度"设为0.8，进入"贴图"卷展栏，将"漫反射"贴图复制到"凹凸"贴图的位置，并

图12-35 地毯（一）

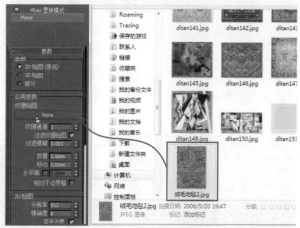

图12-36 地毯（二）

图12-37 地毯（三）

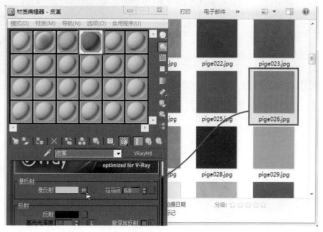

图12-38 皮革（一）

选择"实例"的方式，将"凹凸"值设为80，将该材质赋予沙发，渲染后的效果如图12-39所示。

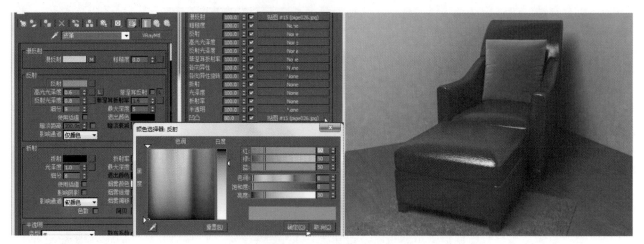

图12-39　皮革（二）

12.3　V-Ray材质保存与调用

难度等级
★★☆☆☆

1. 保存，打开材质编辑器，进入"材质/贴图浏览器"，关闭所有卷展栏，在空白位置单击鼠标右键选择"新材质库"，创建一个新材质库（图12-40）。

2. 选择一个材质球，单击放入库（图12-41），选择"新库"，并为其命名，将现有材质保存在材质库中。

3. 调用，选择一个新材质球，进入"材质/贴图浏览器"，展开"新库"卷展栏，双击选择刚保存的材质，即在使用时可以调用该材质（图12-42）。

图12-40　创建新材质库

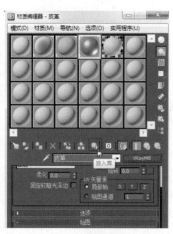

图12-41　材质命名

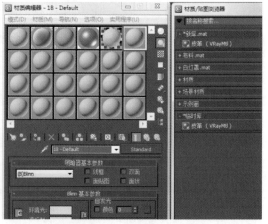

图12-42　调用材质

第13章　V-Ray特殊材质

本章介绍关于V-Ray的特殊材质与贴图，在上一章已经介绍了V-Ray基本材质的调整与应用，但是在V-Ray材质中还有其他材质也经常用到，所以本章的内容也非常重要。

13.1　VR材质包裹器

难度等级
★★☆☆☆

在渲染场景中，经常会遇到材质颜色溢出的问题，这是就要使用到"VR材质包裹器"。

1. 打开文件"模型\第13章\场景01"，更改贴图路径，渲染场景图像（图13-1），在渲染的图片中，会发现墙面的紫色会大量的反射到场景的物体上，这在现实生活中会有点夸张，所以必须减小这种反射。

2. 打开"材质编辑器"，为墙面材质添加"VR材质包裹器"（图13-2），双击鼠标后选择将旧材质保存为"子材质"。

图13-1　渲染场景效果

图13-2　添加"VR材质包裹器"

3. 进入"VR材质包裹器"的面板后，将里面的"生成全局照明"设为0.3，再次渲染场景（图13-3），相对于前一次的场景效果就会好很多了，这就说明"VR材质包裹器"能有效控制材质颜色在渲染时溢出的问题。

图13-3　设置生成全局照明参数并渲染

4. "VR材质包裹器"不仅能够控制物体生成全局照明，还能控制物体"接收全局照明"。为沙发的布材质添加"VR材质包裹器"，并将"接收全局照明"的值设为2，渲染后的效果如图13-4所示。

图13-4　设置接收全局照明参数并渲染

13.2　VR灯光材质

通常在制作发光材质时会用到一般材质，但是一般灯光却没有真实灯光的效果，依靠虚拟灯光来表现也不真实，本节就介绍"VR灯光材质"模拟"发光材质"的方法，效果非常真实。

1. 打开文件"模型\第13章\场景02"，更改贴图路径，打开"材质编辑器"，选择一个新材质球，使用"吸管"工具吸取模型中笔记本的屏幕材质（图13-5）。

2. 吸取之后，将该材质转换为"VR灯光"材质，并在颜色后面的"None"长按钮上拖入一张材质贴图作为屏幕材质，并将"颜色"后的值设为2（图13-6）。

3. 渲染场景，会看到非常真实的夜晚电脑屏幕的效果（图13-7）。

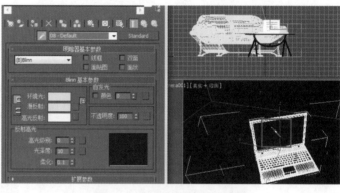

图13-5　吸取笔记本屏幕材质

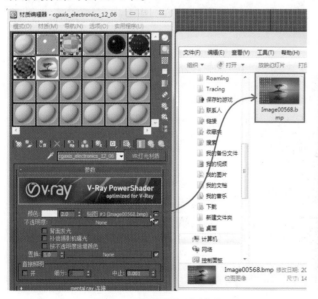

图13-6　设置VR灯光材质

图13-7　渲染效果

13.3　VR双面材质

难度等级
★★★☆☆

VR双面材质可以让物体的正反两面各自表现出不同的材质效果，在书籍模型中应用较多，可以真实地展现书籍的效果。

1. 打开文件"模型\第13章\场景03"，打开"材质编辑器"，选择一个新的材质球，并将其改为"VR双面材质"，将旧材质丢弃，将材质赋予报纸模型（图13-8）。

2. 选择正面材质，将其改为"VRayMtl"材质，在"漫反射"贴图的位置贴入"模型\第13章\场景03材质\报纸"，并显示贴图（图13-9）。

图13-8　设置VR双面材质

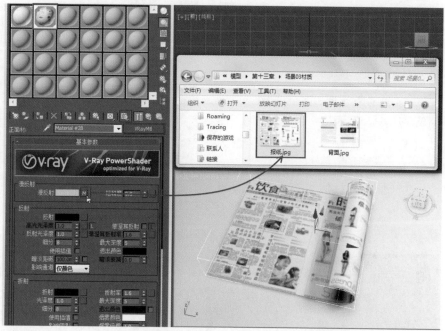

图13-9　选择材质贴图（一）

3. 勾选"背面材质"，将其转为"VRayMtl"材质，在"漫反射"贴图位置贴入"模型\第13章\场景03材质\背面"，并显示贴图，单击转到"父对象"（图13-10）。

4. 将"半透明"的颜色设为黑色，并取消勾选"强制单面子材质"，渲染后的效果如图13-11所示。

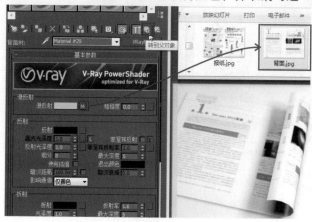

图13-10　选择材质贴图（二）

图13-11　取消勾选强制单面子材质并渲染

13.4　VR覆盖材质

　　VR覆盖材质与VR包裹材质很相似，都可以解决颜色溢出的问题，但是VR覆盖材质还可以改变反射与折射的效果。

　　1. 打开文件"模型\第13章\场景01"，打开"材质编辑器"，给墙面材质添加"VR覆盖材质"，并选择"将旧材质保存为子材质"，在全局照明材质位置添加新的"VRayMtl"材质，并将"漫反射"颜色设为浅黄色（图13-12）。

　　2. 将场景中的灯光"倍增"值调为5，在渲染设置中将"间接照明"的"发光图"中的"当前预置"调为"低"，渲染场景（图13-13）。

图13-12　设置VR覆盖材质

　　3. 进入"材质编辑器"，选择"不锈钢"材质，给其添加"VR覆盖材质"，并选择"将旧材质保存为子材质"，在反射材质位置添加一个新的"VRayMtl"材质，并将"漫反射"颜色设为浅红色，渲染后的效果如图13-14所示。

图13-13　设置参数并渲染（一）　　　　　　图13-14　设置参数并渲染（二）

4. 再次进入"材质编辑器",选择"玻璃"材质,给其添加"VR覆盖材质",并选择"将旧材质保存为子材质",在"折射材质"位置添加新的"VRayMtl"材质,并将"漫反射"颜色设为浅蓝色,渲染后的效果如图13-15所示。

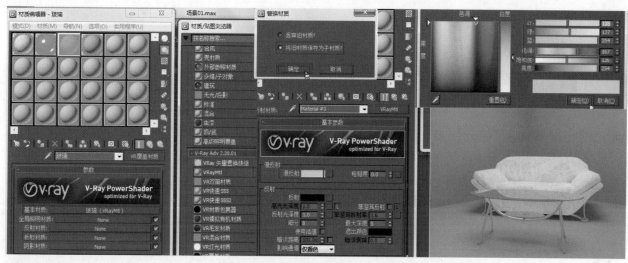

图13-15　设置参数并渲染(三)

13.5　VR混合材质

难度等级
★★☆☆☆

VR混合材质一般用得不多,这种材质一般是制作特效的时候才会使用的材质。

1. 打开文件"模型\第13章\场景01",打开"材质编辑器",给墙面材质球添加"VR混合材质",这时选择"将旧材质保存为子材

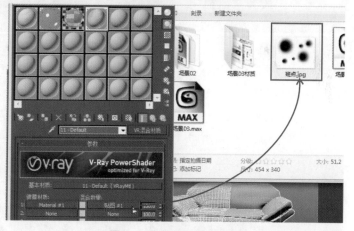

图13-16　设置VR混合材质

质",在"镀膜材质1"中添加"VRayMtl"材质,并将"漫反射"颜色设为浅黄色,在"混合数量"中添加一张贴图"斑点"(图13-16)。

2. 将"镀膜材质1"与"混合数量1"之间的颜色设为白色,并将灯光"倍增"值设为5,渲染后的效果如图13-17所示。

3. "VR混合材质"中还可以做出其他特殊效果,由于在装修效果图制作中运用不多,这里就不再介绍了。

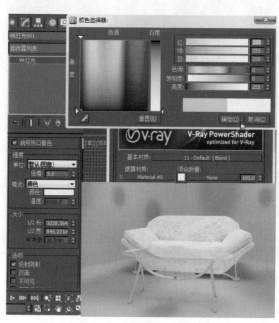

图13-17　设置参数并渲染

第14章　V-Ray渲染

在使用V-Ray渲染器渲染场景时，必须调整好各种参数。参数过高会使渲染时间增加，有时甚至会长达几个小时的等待，参数过低画面效果又不是很好，所以必须对场景进行具体分析，得出最佳渲染参数。

14.1　调整测试渲染参数

难度等级
★★★★☆

在场景中经常会大量测试场景，进行不同程度的调整，直到调整到合适的效果，再将场景参数增大，所以测试的参数对于测试的速度非常重要。

1. 打开场景文件"模型\第14章\中式"，找到贴图位置，打开"渲染设置"面板（图14-1）。

2. 进入"渲染设置"的"公用"选项，将"输出大小"设为320×240，并在下面"渲染输出"中的取消勾选"保存文件"（图14-2）。

3. 进入"V-Ray"设置面板，展开"全局开关"卷展栏，将"默认灯光"改为关，在下面的"图像采样器"卷展栏中，将"图像采样器类型"改为"固定"，将"抗锯齿过滤器"改为"区域"（图14-3）。

4. 进入"间接照明"面板，将间接照明的"开"勾选，"首次反弹"设为"发光图"，"二次反弹"设为"灯光缓存"，将"倍增"设为0.9（图14-4）。

图14-1　打开"渲染设置"面板

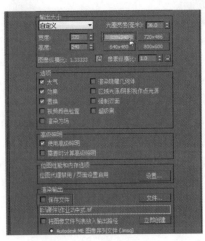

图14-2　修改输出大小

图14-3　设置全局开关

图14-4　设置间接照明（一）

　　5. 展开下面的"发光图"卷展栏，将"当前预置"改为"自定义"，"基本参数"的"最小比率"设为
-6，"最大比率"设为-5，勾选"显示计算相位"与"显示直接光"，再将下面的"模式"改为"单帧"，
取消勾选"自动保存"（图14-5）。

　　6. 展开下面的"灯光缓存"卷展栏，将"细分"设为450，勾选"储存直接光"与"显示计算相位"，

图14-5　设置间接照明（二）

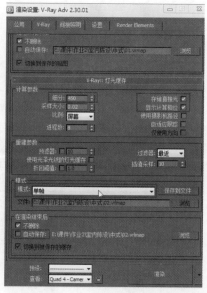

图14-6　设置灯光缓存

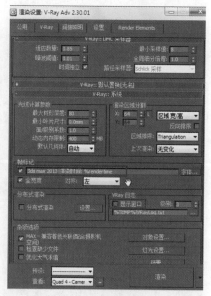

图14-7　设置系统

将"模式"改为"单帧"，取消勾选"自动保存"（图
14-6）。

　　7. 进入设置面板，展开"系统"卷展栏，勾选
"帧标记"，将里面的改为"3ds Max 2013 | 渲染时
间：%rendertime"，再将VRay日志中的"显示窗口"
取消勾选（图14-7）。

　　8. 设置完成后渲染场景如图14-8所示，大约
2min左右，就会得到一张效果图，在查看效果后，如果
无须修改，就可以设置更大的输出尺寸，进行最终渲染
了。

图14-8　场景渲染效果

　　V-Ray是目前最流行的渲染器，它能兼顾渲染时间与质量，能做到用较少的时间得到更高的质量，主要有以
下原因。

　　1. V-Ray渲染器中有自适应功能。自适应功能可以从V-Ray的"抗锯齿"中看到。能设置最小细分、最大细
分、最小比率、最大比率。在渲染中用到的采样点可以根据场景中的光影级细节，进行自动加减。这样就可以
减少很多在光影不丰富区域中的采样数目，从而减少渲染时间。自适应功能也是V-Ray渲染器的核心。

　　2. 在V-Ray中有很多对采样点进行随机分配的参数与功能。随机不是无限的，需要在设置的参数范围之
内，随机的优势在于它不用更精确地进行计算样本的具体位置，只要在一定的参数范围内进行随机分配就会减
少渲染时间。

　　3. V-Ray中有差值功能。差值功能在V-Ray的材质及GI中都可以找到，差值功能包括了随机和差值两个功
能。首先差值是随机性的，如果不是随机差值也就不会实现差值的快速计算；其次才是差值，差值可以理解为
估算算法，可以在一些固定样本中进行估算，进行过渡、补充，从而提高渲染速度。

特别提示

14.2　设置最终渲染参数

图14-9　设置输出尺寸

图14-11　设置抗锯齿过滤器

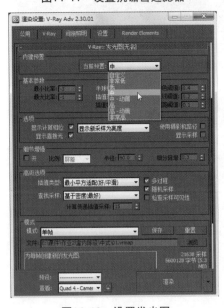

图14-12　设置发光图

当测试渲染完成后，将参数都提高到一定程度再进行渲染，就可以得到高清效果图了。

1. 打开"渲染设置"面板，进入"公用"选项，先将"图像纵横比"锁定，将"输出大小"中的"宽度"设为1500，下面的高度就会随着一起变化（图14-9）。

2. 向下滑动面板，在下面的"渲染输出"中将"保存文件"勾选，单击后面的"文件"选择保存目录，并将下面的"保存类型"改为"TIF图像文件"或"JPEG文件"，单击"保存"（图14-10）。

图14-10　保存

3. 进入"V-Ray"选项，展开"图像采样器"卷展栏，将"图像采样器类型"转为"自适应细分"，"抗锯齿过滤器"设为"Mitchell-Netravali"（图14-11）。

4. 进入"间接照明"选项，展开"发光图"卷展栏，将"当前预置"设为"中"，单击"渲染"（图14-12）。

5. 经过30～40min的渲染，就可得到高质量效果图（图14-13），而且可以使用任何图像处理软件打开并处理。

图14-13　场景渲染效果

14.3 使用光子图渲染

在上节的场景中利用了30min渲染出了一张效果图，这节将使用一个小技巧将上节的渲染时间大大减少，并且保证效果图的渲染质量不变。

1. 继续使用上节的场景，打开"渲染设置"面板，进入"公用"选项，将"输出大小"中宽度设为300，高度设为225，并取消勾选"保存文件"（图14-14）。

2. 进入"V-Ray"选项，展开"全局开关"卷展栏，勾选"间接照明"的"不渲染最终的图像"（图14-15）。

3. 进入"间接照明"选项，将"发光图"卷展栏打开，滑动滑块到最下方，在"在渲染结束后"中勾选"自动保存"与"切换到保存的贴图"，并单击右侧"浏览"，选择一个位置并命名保存（图14-16）。

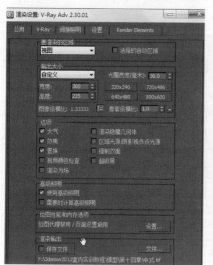

图14-14 设置输出尺寸

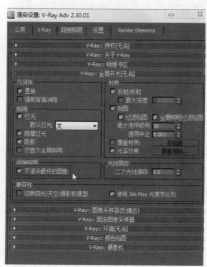

图14-15 勾选"不渲染最终的图像"

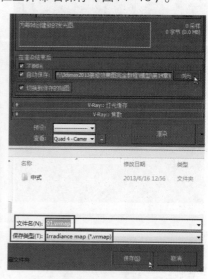

图14-16 调用材质

4. 关闭"发光图"卷展栏，展开"灯光缓存"卷展栏，将"在渲染结束后"中的"自动保存"与"切换到被保存的缓存"勾选，并单击右方的"浏览"，选择一个位置并命名保存（图14-17），单击"渲染"。

5. 经过1min左右渲染，得到了两张光子文件，下面将利用这两张光子文件进行渲染（图14-18）。

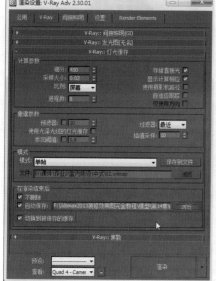

图14-17 设置渲染保存

图14-18 渲染光子文件

6. 再次进入"渲染设置"面板，进入"公用"选项，在"输出大小"中将尺度设为宽度1500，高度1125，勾选下面的"保存文件"，单击"文件"选择"取消"，重新命名为"中式2"，选择"TIF"或"JPEG"格式保存（图14-19）。

7. 展开"V-Ray"选项的"全局开关"卷展栏，将"间接照明"中的"不渲染最终的图像"取消勾选（图14-20）。

8. 确定"间接照明"选项中的"发光图"与"灯光缓存"卷展栏下的"模式"中是否使用的是刚保存的光子图文件（图14-21）。

9. 确认无误后，开始进行渲染场景，这次计算机将会跳过计算阶段直接进行渲染，经过渲染后就会得到与之前一样的效果图，但是用时会大幅度减少（图14-22）。

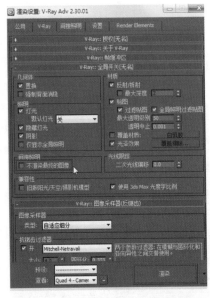

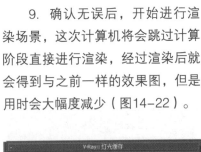

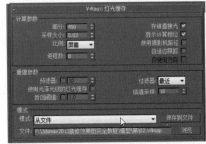

图14-19 保存文件　　　　图14-20 取消勾选"不渲染最终的图像"　　　图14-21 确定使用光子图文件

图14-22 最终渲染

精华篇
装修效果图实例

第15章 书房效果图实例制作

本章将结合前面所有内容，制作一张住宅的书房效果图，全程内容包括从建模到最终渲染，操作方法详细、具体，具有一定代表性。

15.1 建立墙体

难度等级
★★☆☆☆

1. 新建场景，在主菜单中选择"导入"，将"模型\第15章\CAD"中的"书房.dwg"文件导入进场景中，设置"导入选项"，勾选"焊接附近点"，将"焊值阈值"设为10，并勾选"封闭闭合样条线"，单击"确定"（图15-1）。

2. 框选选择所有导入文件，选择"组"中的"成组"使其成为一个组，并命名为"图纸"（图15-2）。

图15-1 设置导入文件

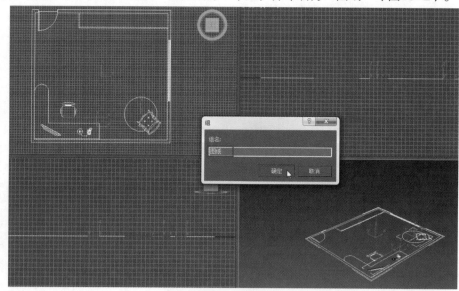

图15-2 成组

3. 将图纸向下移动一定的距离，并单击鼠标右键，选择"冻结当前选择"（图15-3）。

4. 最大化顶视图，打开"2.5维捕捉"，单击右键设置打开"捕捉到冻结对象"，使用线捕捉墙体内边缘，在门与窗的地方增加分段点，闭合样条线（图15-4）。

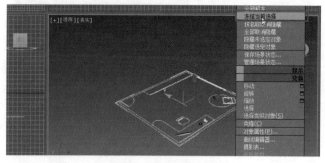

图15-3 转为冻结对象

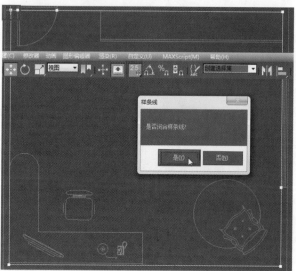

图15-4 闭合样条线

5. 将线添加"挤出"修改器，挤出"数量"设为2900，并添加"法线"修改器，单击右键进入"对象属性"，勾选"背面消隐"（图15-5）。

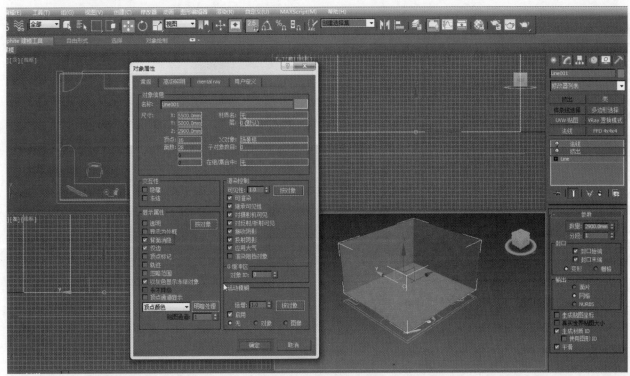

图15-5　设置对象属性

6. 单击右键将模型转为"可编辑多边形"，进入修改面板选择"边"层级，按"S"键关闭"捕捉"工具，再按"F4"键显示线框（图15-6）。

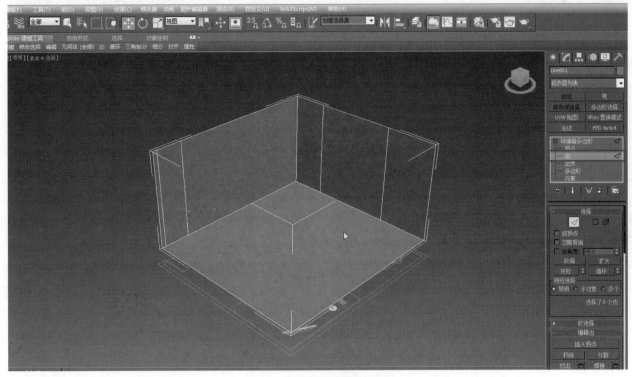

图15-6　转为可编辑多边形

7. 同时选择门的两条边，选择"连接"，将其中间连接一条边，选中连接的边，在视图区下部中间位置，在"Z"轴坐标中输入2100（图15-7）。

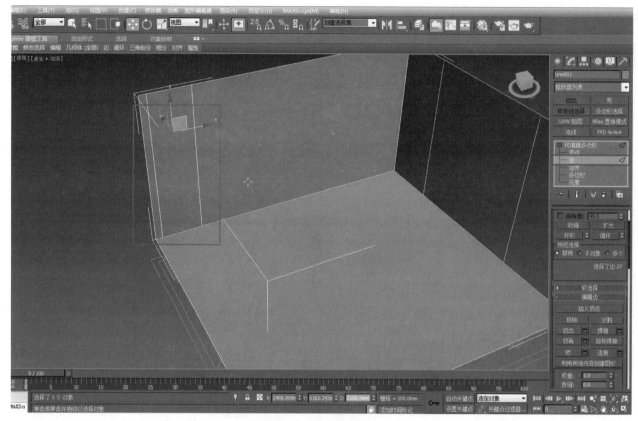

图15-7　选择门边

8. 进入"多边形"层级，勾选"忽略背面"，选中门中的多边形，单击"挤出"后的小按钮，将门的多边形挤出，"挤出"值设为-120，并按"Delete"键将该多边形删除（图15-8）。

9. 进入"边"层级，同时选择窗户的两条边，选择"连接"，将其中间连接一条边，选中连接的边，在视图区下部中间位置，在其"Z"轴坐标中输入2700（图15-9）。

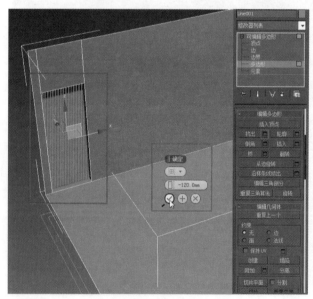

图15-8　挤出门

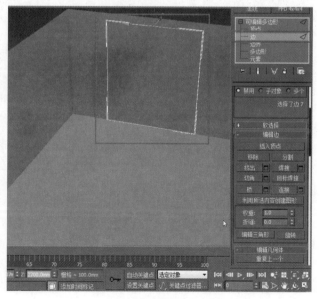

图15-9　选择窗户边

10. 进入"多边形"层级，选择窗户的多边形，单击"分离"命名为"窗户"，退回到"可编辑多边形"，选择窗户，选择"多边形"级别，将其挤出20（图15-10）。

11. 进入"边"层级，同时选中窗户内的4条边，并单击"连接"后的小按钮，连接一条线（图15-11）。

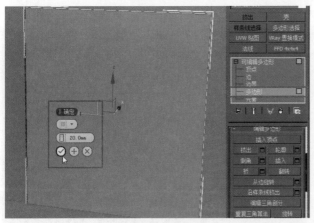

图15-10　挤出窗户

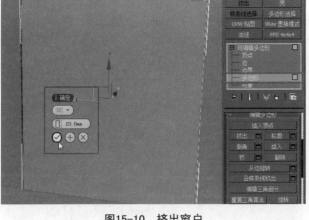

图15-11　选择边并连线

12. 进入"多边形"层级，同时选择5个多边形，选择"插入"，并输入50（图15-12）。

13. 将5块多边形挤出，输入数值为-60，再将其分离，并命名为"玻璃"（图15-13）。

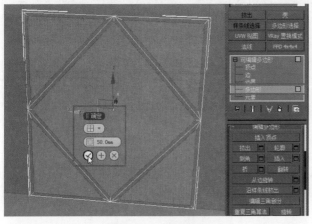

图15-12　选择插入

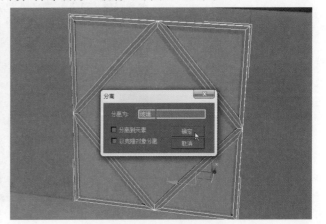

图15-13　分离多边形

14. 退回到"可编辑多边形"层级，选择玻璃，为其添加"壳"修改器，在"内部量"中输入10（图15-14）。

15. 选择墙体，进入"多边形"层级，选择地面将其分离，并命名为"地面"（图15-15）。

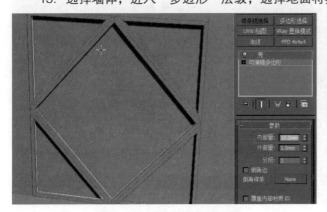

图15-14　添加"壳"修改器

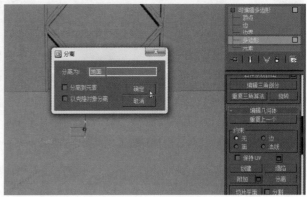

图15-15　分离地面

16. 切换到顶视图，打开"捕捉"，利用"捕捉"工具在顶视图中创建一个长方体，进入修改面板，将其长度设为5000，宽度与高度都设为200（图15-16）。

17. 关闭"捕捉"，切换到"移动"工具，在视图区中下方的"Z"轴中输入2700，并按住"Shift"键将其从左向右复制多个，直至将顶部铺满（图15-17）。

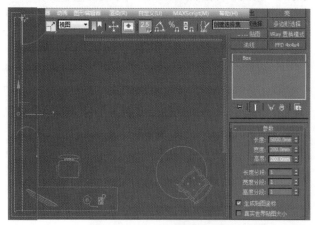

图15-16　创建长方体

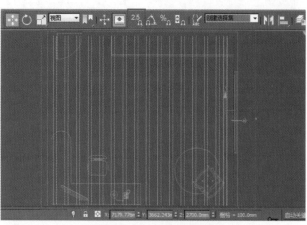

图15-17　复制长方体

18. 将靠窗的长方体向左移动使其与墙保持一定距离，成组并命名为"吊顶"（图15-18）。

19. 最大化顶视图，打开"捕捉"工具，捕捉墙体创建线，从窗户的上点开始到窗户下点结束，作不闭合样条线，完毕后单击鼠标右键结束（图15-19）。

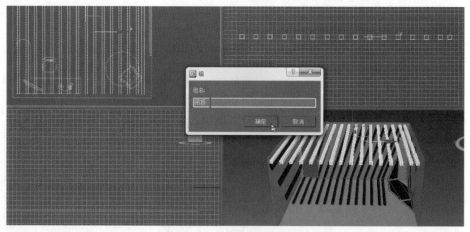

图15-18　将长方体成组并命名

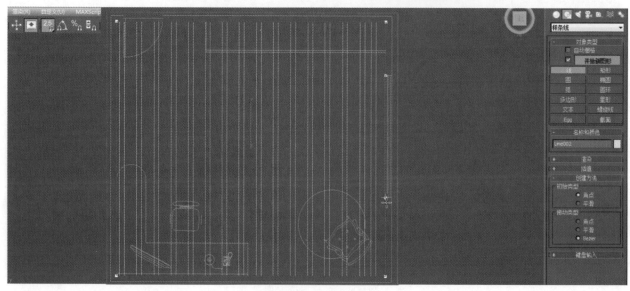

图15-19　创建线

20. 进入修改面板，单击"Line"展开，选择"样条线"级别，在下面的轮廓里面输入−20，再为其添加"挤出"修改器，输入 "数量"为100（图15-20）。

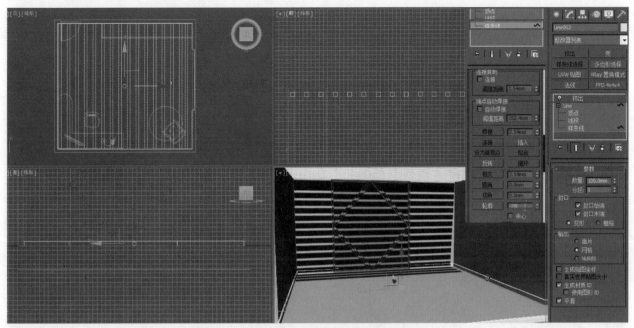

图15-20　添加挤出修改器

15.2　设置摄影机与初步材质

1. 在创建面板中选择"标准摄影机"，在顶视图中创建一个摄影机（图15-21）。

2. 在"选择过滤器"中选择为"C-摄影机"，在前视图中选中摄影机的中线，并将摄影机向上移动（图15-22）。

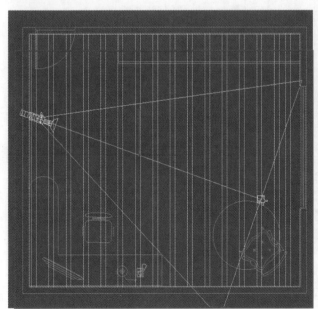

图15-21　创建摄影机

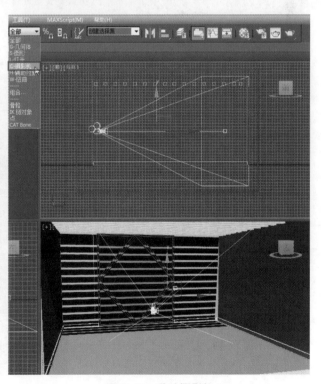

图15-22　移动摄影机

　　3. 切换到透视图按"C"键，将"透视图"转为"摄影机视图"，并在其在视图中选择摄影机，进入修改面板将其"备用镜头"设为"20mm"（图15-23）。

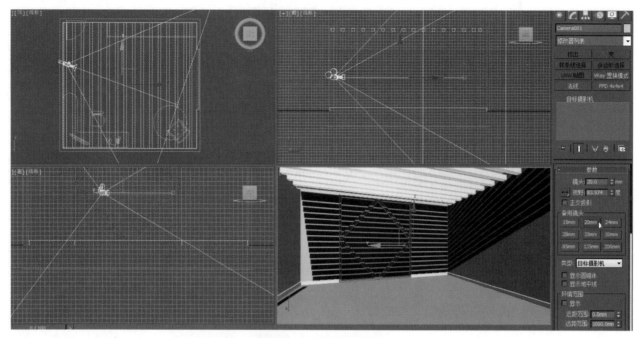

图15-23　调整摄影机镜头

图15-24　设置墙面材质

　　4. 在"选择过滤器"中选择"全部"，选择墙面，打开"材质编辑器"，选择第一个材质球，命名为"墙面"，将其转为"VRayMtl"材质，并将其"漫反射"颜色调整为浅红咖啡色，赋予材质给墙面（图15-24）。

　　5. 选择第二个材质球将其转为"VRayMtl"材质，命名为"木地板"，在漫反射位置拖入一张木地板的贴图，"反射"颜色为50左右，"高光光泽度"设为0.6，"反射光泽度"设为0.8，"细分"设为12（图15-25）。

图15-25　设置地面材质（一）

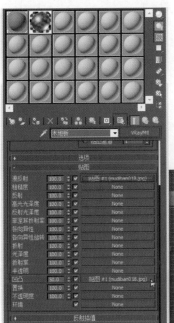

6. 关闭"基本参数"卷展栏,进入下面的"贴图"卷展栏,将"漫反射"的贴图拖到"凹凸"贴图位置,并将"凹凸"值设为50,并在视图中显示贴图,然后将其赋予地板(图15-26)。

7. 为地板添加"UVW贴图"修改器,选择平面,将其长度、宽度都设置为2000(图15-27)。

8. 选择第三个材质球,将其转为"VRayMtl"材质,命名为"白木",将其"漫反射"颜色改为白色,"反射"颜色设为80左右,"高光光泽度"设为0.7,"反射

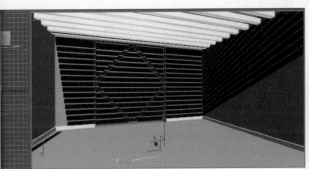

图15-26 设置地面材质(二)

图15-27 设置地面材质(三)

光泽度"设为0.95,"细分"值设为10,将白木材质赋予窗户与踢脚线(图15-28)。

9. 选择第四个材质球,打开"材质贴图"浏览器,在保存的材质库中选择"玻璃"材质。这个材质是预先经制作并已将其保存入库,所以这里就可以直接调用,将玻璃材质赋予玻璃物体(图15-29)。

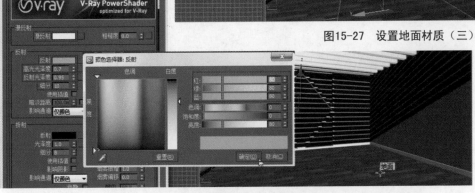

图15-28 设置窗户与踢脚线材质

图15-29 设置玻璃材质

10. 选择第五个材质球，将其转为"VRayMtl材质"，命名为"粗糙木材"，在"漫反射"位置拖入一张深色的木材贴图，并将该贴图"实例"复制到"凹凸"位置，"凹凸"值设为100，在视图中显示位图，再将其赋予吊顶（图15-30）。

11. 为吊顶添加"UVW贴图"修改器，选择"长方体"贴图，将其长度、宽度、高度都设为1000，展开上面的"UVW贴图"层级，选择"Gizmo"，选择"旋转"工具，打开"旋转捕捉"，将其沿"Z"轴旋转90°（图15-31）。

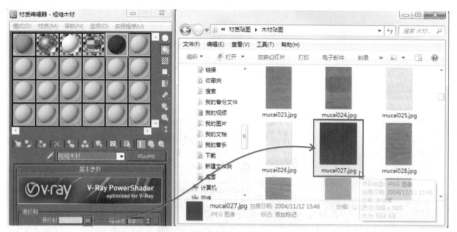

图15-30　设置吊顶材质（一）

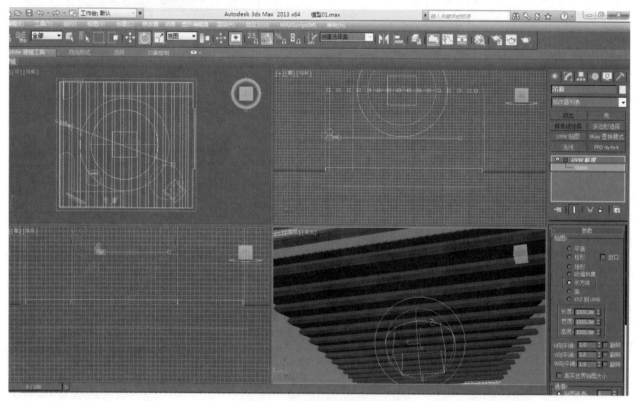

图15-31　设置吊顶材质（二）

　　创建模型要力求精确，模型建立后应放置在准确的位置，可以时常打开"捕捉"工具来控制移动的精确性，也可以通过"对齐"工具来辅助操作。如果创建的模型没有准确放置在合适的位置，就会影响后期渲染，导致边角部位不清晰、不整齐。

　　合并的模型应讲究质量，本书光盘中附带有大量成品模型、贴图，如果对模型有更高要求，还可以通过网络下载，但是要进行加工、编辑，去除不必要的构造与元素，寻找相应的贴图路径，经过处理后再次保存，以备日后使用。对于家居空间效果图的模型收集比较简单，可以按常见的房间预先合并家具、灯具、摄影机、材质等元素，待墙体模型创建完毕后可以一次性导入。这样能大幅度提高效果图的制作效率。

15.3　设置灯光与渲染参数

1. 在创建面板创建"灯光"，选择"VR灯光"，打开"捕捉"工具，在左视图捕捉窗户外形创建灯光（图15-32）。

2. 关闭"捕捉"，在顶视图使用"移动"工具将灯光移动到窗户外面，并使用"镜像"，在"X轴"镜像（图15-33）。

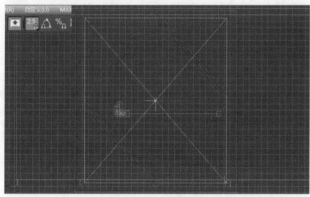

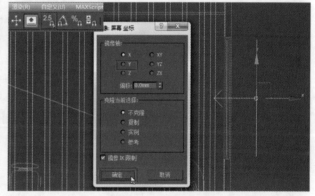

图15-32　创建灯光　　　　　　　　　　　　　　图15-33　镜像灯光

3. 进入修改面板将灯光的"倍增"值设为15，"颜色"设为浅蓝色，勾选"不可见"，取消勾选"影响高光反射"与"影响反射"，"细分"值设为20（图15-34）。

4. 打开"渲染设置"面板调整测试参数，在"公用"选项中将"输出大小"设为320×240，在"图像采样器"中将"类型"设为"固定"，"抗锯齿过滤器"设为"区域"（图15-35）。

图15-34
设置灯光

5. 展开"环境"卷展栏，打开"全局照明环境"，"倍增"值设为7，展开下面的"颜色贴图，""类型"为"线性倍增"，"暗色倍增"值设为1.2，"亮度倍增"设为0.8（图15-36）。

6. 进入"间接照明"选项，将"间接照明"的"开"勾选，并将"二次反弹"的"倍增"值设为0.9，展开"发光图"卷展栏，将"当前预置"设为"自定义"，"最小比率"设为-6，"最大比率"设为-5，"半球细分"与"插值采样"都设为30（图15-37）。

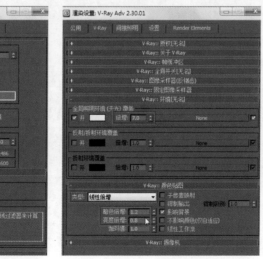

图15-35　设置渲染尺寸与图像采样器　　　　　图15-36　设置环境　　　　　　图15-37　设置间接照明

7. 进入"设置"选项，展开"系统"卷展栏，勾选"帧标记"，删除前面的部分，只保留渲染时间，并取消勾选"显示窗口"（图15-38）。

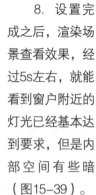

8. 设置完成之后，渲染场景查看效果，经过5s左右，就能看到窗户附近的灯光已经基本达到要求，但是内部空间有些暗（图15-39）。

图15-38　设置系统　　　　　图15-39　渲染场景效果

9. 进入顶视图将灯光向左侧复制，并移动使其接近内墙面，镜像方式为"X"轴镜像（图15-40）。

10. 进入左视图，调整灯光大小使其不与墙面与地面靠得太近，"大小"设为1800×760，并将"倍增"值设为2（图15-41）。

11. 回到摄影机视图渲染场景，观察亮度基本达到要求（图15-42）。

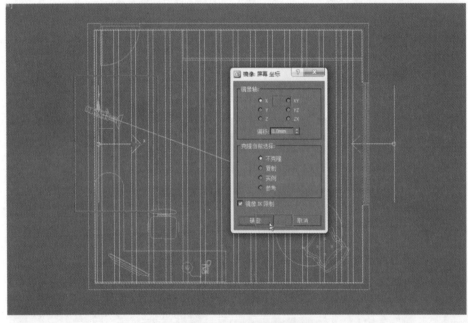

图15-40　复制并镜像灯光

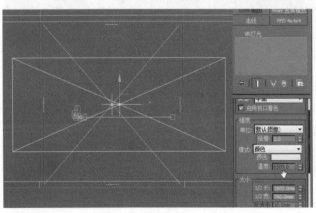

图15-41　调整灯光尺寸

图15-42　渲染场景效果

12. 最大化顶视图，打开"捕捉"，创建"VR灯光"，捕捉两个吊顶横梁之间的距离，创建一个"VR灯光"（图15-43）。

13. 进入前视图，取消"捕捉"，将灯光移动到接近顶部的位置，并进入修改面板，将"颜色"改为浅黄色，取消勾选"不可见"（图15-44）。

14. 再次进入顶视图，打开"捕捉"，并将"选择过滤器"设为灯光，单击该灯光的右上角，按住"Shift"键，将其拖动到第四根木材的左上角，如果移动不到就按"F5"键，选择"实例"复制6个（图15-45）。

15. 回到摄影机视图，渲染场景，观察效果（图15-46）。

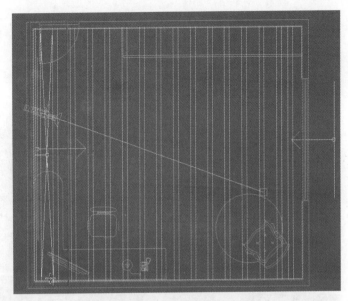

图15-43　创建VR灯光

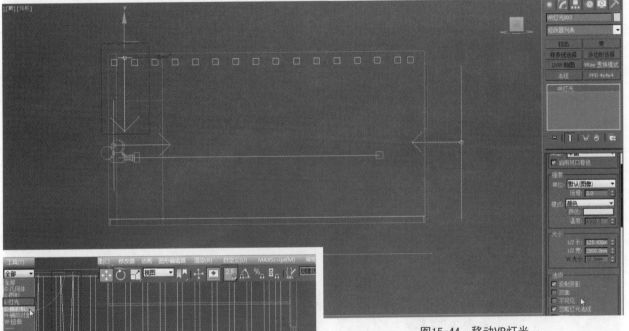

图15-44　移动VR灯光

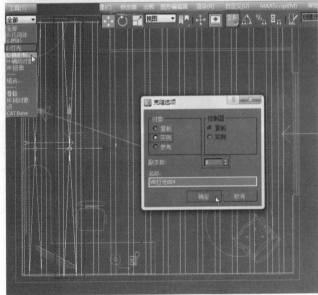

图15-45　复制VR灯光

图15-46　渲染场景效果

16. 最大化前视图，在前视图中创建一个VR太阳灯，从窗口射入室内，对于是否添加天空贴图，选择"否"（图15-47）。

17. 进入顶视图，进一步调整灯光位置，取消"捕捉"工具，将灯光移动至窗口外部，并进入修改面板，将"强度倍增"设为0.03（图15-48）。

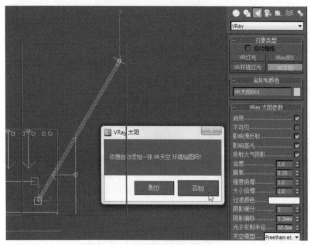

图15-47　创建VR太阳灯

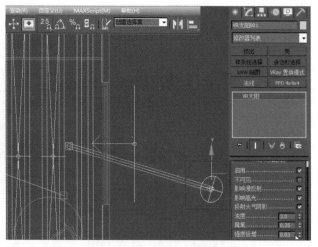

图15-48　设置VR太阳灯

18. 回到摄影机视图渲染场景，发现室内没有太阳光效果，因为玻璃材质挡住了太阳光（图15-49）。

19. 继续选择"VR太阳"，进入修改面板，单击VR太阳参数下的"排除"按钮，在排除面板中选择"玻璃"，单击中间的"向右箭头"按钮将玻璃移动到右边，然后单击"确定"（图15-50）。

图15-49　渲染场景效果

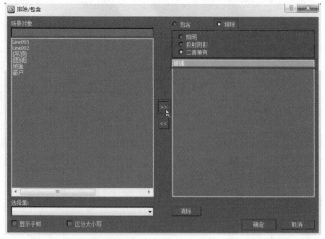

图15-50　排除玻璃

图15-51　渲染场景效果

20. 回到摄影机视图，渲染测试场景，观察效果，发现这次有了太阳光的灯光效果（图15-51）。

21. 制作外景。在顶视图的窗户外面创建一根线，并将其添加"挤出"修改器，挤出"数量"设为4000（图15-52），形成一个面，在摄影机视图中，向下移动使其完全覆盖窗户。

22. 打开"材质编辑器"，选择一个新材质球命名为"外景"，转为"VR灯光材质"，将"颜色"数值设为1，在颜色后面的"None"长按钮中拖入一张室外风

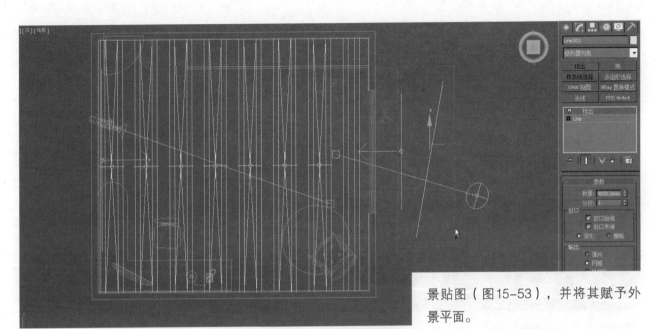

图15-52　制作外景平面

景贴图（图15-53），并将其赋予外景平面。

23. 给平面添加"UVW贴图"修改器，选择"长方体"贴图，长度设为3000，宽度设为500，高度设为3200，展开"UVW贴图"卷展栏，选择"Gizmo"，使用"移动"工具在摄影机视图移动，按"F3"键将其移动至刚好覆盖窗口的位置（图15-54）。

24. 渲染摄影机视图，观察效果，观察发现外景挡住了一部分照入室内的太阳光（图15-55）。

25. 回到外景"UVW贴图"层级，然后选择VR太阳，在修改面板中选择单击"排除"，将"Line003"从左边排除，移到右边，单击确定（图15-56）。

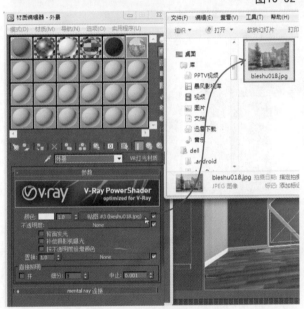

图15-53　赋予材质贴图

图15-54　添加
"UVW贴图"修改器

图15-55　渲染场景效果

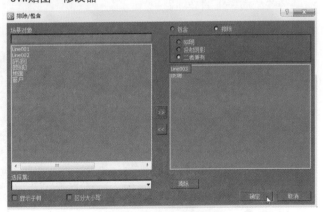

图15-56　排除外景平面

特别提示

太阳光投射到室内地面的光影效果需要门窗框架来衬托，门窗框架的造型应当别致，才能体现太阳光的精致。

投射到地面的光影面积不宜过大，一般不超过地面面积的30%，能投射到地毯、台阶、低矮的家具上效果最佳，能呈现出丰富的层次感。

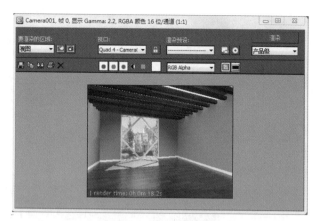

26. 再次渲染摄影机视图，观察效果，发现这时的渲染效果已经趋于正常了，能可以继续合并其他模型（图15-57）。

图15-57　渲染场景效果

15.4　合并模型与精确材质

难度等级 ★★★☆☆

1. 打开主菜单栏，选择“导入”中的“合并”，进入“模型\第15章\模型”，将里面的5个模型全部合并进场景中，由于模型的大小、比例、位置都已经调整好了，可以不用再调整了（图15-58）。

2. 选择“窗帘.max”，单击“打开”，在合并面板中选择“全部”，并取消勾选“灯光”与“摄影机”（图15-59）。

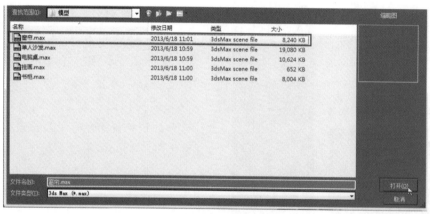

图15-58　合并模型

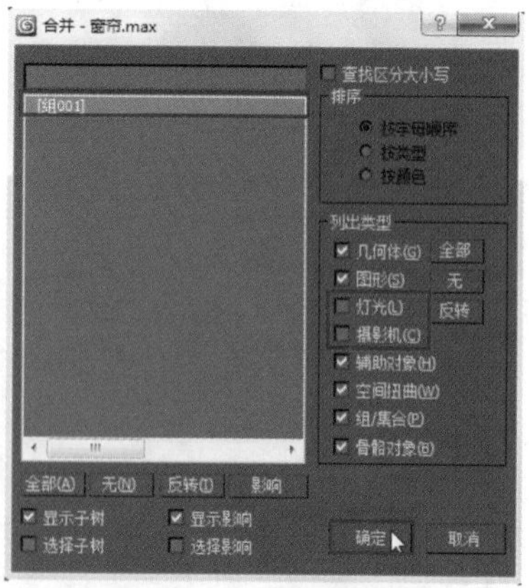

图15-59　合并窗帘设置

3. 继续合并其他模型，如果遇到重复材质名称的情况，勾选“应用于所有重复情况”，并选择“自动重命名合并材质”（图15-60）。

4. 全部合并完成之后，发现场景中的材质都没有显示贴图，因为计算机没有找到贴图路径，这时就需要为场景中的材质重新添加贴图（图15-61）。

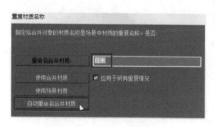

图15-60　重命名合并材质

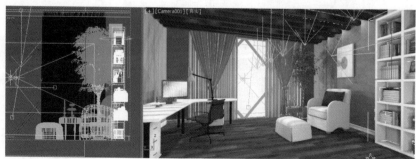

图15-61　添加全部贴图

5. 选择窗帘模型，按"Alt+Q"键变为"孤立显示"编辑，按"P"键进入透视图，打开"材质编辑器"，选择一个新的材质球，使用"吸管"工具吸取窗帘上的材质（图15-62）。

6. 在吸取的窗帘材质球中，单击"漫反射"后的"贴图"按钮，进入后单击"位图"按钮，在"第15章\最终场景\课件\作业\窗帘"中找到该窗帘的贴图，单击"打开"，并单击"视口中显示明暗处理材质"（图15-63）。

7. 完成后，按"Alt+Q"键退出"孤立显示"，选择单人沙发模型继

图15-62　吸取窗帘材质

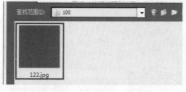

图15-63　查找窗帘贴图

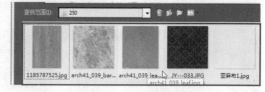

图15-64　查找沙发贴图

续按"Alt+Q"键进入"孤立显示"，打开"材质编辑器"，选择一个材质球（可以是使用过的材质球），使用"吸管"工具吸取盆栽的树叶，进入该材质，在"漫反射"后的"贴图"按钮上单击进入，在"位图"按钮上有贴图名称，但是其位置不对，单击在"第15章\最终场景\课件\作业\单人沙发"中找到与该贴图名称相对应的贴图（图15-64）。

8. 在"材质编辑器"中单击"显示明暗处理材质"，依次吸取其他材质，使用此方法依次找到全部贴图的位置（图15-65）。

图15-65　依次查找全部贴图

9. 单击右键摄影机视图中左上角的"Camera"，选择"显示安全框"，在摄影机视图单击"渲染"观察效果，并检查场景材质是否都正确（图15-66）。

10. 观察发现地面与墙面有色彩溢出的现象，打开"材质编辑器"，分别选择墙面与地面材质，分别为其添加"VR材质包裹器"，并将其"生成全局照明"都设为0.3（图15-67）。

11. 再次渲染，观察场景效果，这时就基本符合要求了（图15-68）。

图15-66　检查全部贴图

图15-67　添加"VR材质包裹器"

图15-68　渲染场景效果

15.5　最终渲染

1. 按"F10"键打开"渲染设置"面板，进入"公用"选项，将"输出大小"中的宽度与高度设为400和300，锁定"图像纵横比"（图15-69）。

2. 进入"V-Ray"选项，展开"全局开关"卷展栏，将"不渲染最终图像"勾选，再展开"图像采样器"卷展栏，将"图像采样器类型"改为"自适应细分"，"抗锯齿过滤器"设为"Mitchell-Netravali"（图15-70）。

3. 进入"间接照明"选项，展开"间接照明"卷展栏，将"二次反弹"中的"全局照明引擎"改为"灯光缓存"，展开"发光图"卷展栏，将"当前预置"设为"高"，"半球细分"设为50，"插值采样"设为30（图15-71）。

4. 向下拖动，将"自动保存"与"切换到保存的贴图"勾选，并单击后面的"浏览"，将其保存在"模型\第15章\光子图"中，命名为"1"（图15-72）。

5. 展开"灯光缓存"卷展栏，将"自动保存"与"切换到被保存的缓存"勾选，并单击后面的"浏览"，将其保存在"模型\第15章\光子图"中，命名为"2"（图15-73）。

6. 进入"设置"选项，展开"DMC采样器"，将"最小采样值"设为12，"噪波阈值"设为0.005（图15-74）。

图15-69　设置渲染（一）

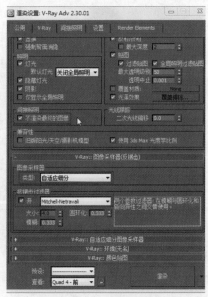

图15-70　设置渲染（二）

图15-71　设置渲染（三）

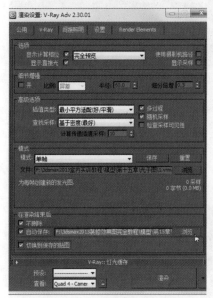

图15-72　设置渲染（四）

图15-73　设置渲染（五）

图15-74　设置渲染（六）

　　先渲染光子图，再渲染正式效果图，但是要注意，渲染光子图后不能再将场景中的物体、灯光改动或移动，否则无法渲染出正式的效果图。

　　V-Ray计算渲染与光能传递是有所不同的，光能传递默认分为计算与渲染两部分，计算完了就可以直接保存文件，同时能将计算结果保存在文件中，可以在任何时候渲染。而V-Ray默认下光子计算是与渲染连为一起的，执行渲染时，要预先计算光子，最后才能渲染。在调试阶段，如果每次渲染都要重复光子的话，就会浪费很多时间。应该一次算好，然后保存光子图，做相关的材质参数调整，这时可以直接调用保存好的光子图，而不需要再次渲染，这样就能节省时间。即使经过高参数计算的光子图，只要场景与材质没有经过大的改变，仍然可以利用之前计算好的光子图进行渲染，差别也不会太大。当然，最好还是应该重新计算一次。

7. 切换到摄影机视图，渲染场景，经过几分钟的渲染，就会得到两张光子图（图15-75）。

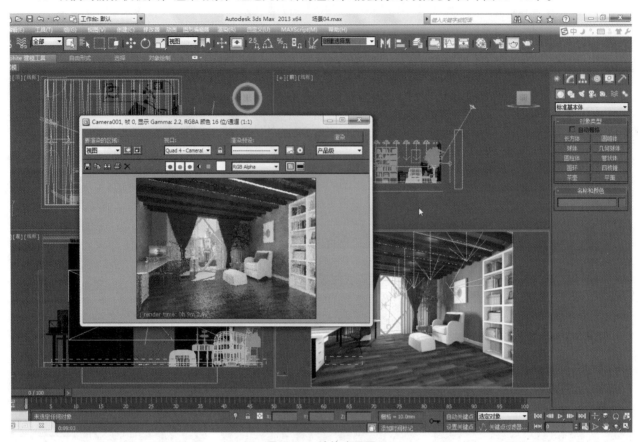

图15-75　渲染光子图

8. 现在可以渲染最终的图像了，按"F10"键打开"渲染设置"面板，进入"公用"选项，将"输出大小"设成宽度为1600，高度为1200，向下滑动单击"渲染输出"的"文件"按钮，将其保存在"模型\第15章"中，命名为"效果图"（图15-76）。

图15-76　设置输出尺寸并命名

图15-77　取消勾选"不渲染最终图像"

9. 进入"V-ray"选项，将"全局开关"卷展栏中的"不渲染最终的图像"取消勾选，这个是关键，如果不取消勾选，则不会渲染出图像（图15-77）。

10. 单击"渲染"按钮，经过30min左右的渲染，就可以得到一张高质量的书房效果图，并且会被保存在预先设置的文件夹内（图15-78）。

11. 将模型场景保存，并关闭3ds Max 2013，这时可以使用任何图像处理软件进行修饰，如PhotoshopCS，主要进行明暗对比度的处理，处理后的效果就比较完美了（图15-79）。

图15-78　最终的效果图渲染完毕

图15-79　效果图后期处理完毕

精华篇

第16章 浴室效果图实例制作

本章将继续示范实例操作，内容是简欧风格的家居浴室，浴室效果图追求光洁的质地，但是内容要充实，注重细节。通过这个案例示范，能让我们将整个场景的制作把控得更好。

16.1 建立墙体

难度等级
★★☆☆☆

1. 在主菜单中选择"导入"，将"模型\第16章\CAD"中的"平面图.dwg"导入到场景中（图16-1）。

2. 在"导入"面板中的"几何体"选项中勾选"焊接附近顶点"，"焊接阈值"设为10，勾选"封闭闭合样条线"（图16-2）。

3. 框选选择所有导入文件，在前视图中将其向下移动一定距离，并单击鼠标右键，单击"冻结当前选

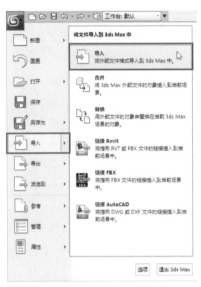
图16-1 导入图纸文件

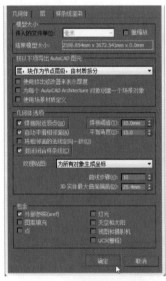
图16-2 设置导入文件

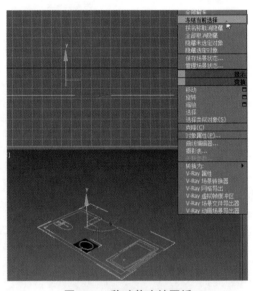
图16-3 移动并冻结图纸

择"（图16-3）。

4. 打开"2.5维捕捉"，并在"捕捉"按钮上单击右键，将"栅格和捕捉设置"选项中的"捕捉到冻结对象"勾选（图16-4）。

5. 在顶视图中创建线，捕捉内墙端点，并将门、窗的两端给予点，闭合样条线（图16-5）。

6. 进入修改面板，为其添加"挤出"修改器，将挤出"数量"设为2900（图16-6）。

图16-4 捕捉设置

图16-5 创建线

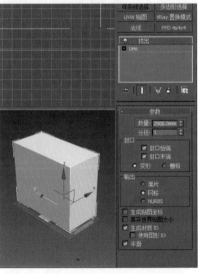
图16-6 添加"挤出"修改器

7. 选择模型，单击右键选择"对象属性"，在"对象属性"中勾选"背面消隐"，单击"确定"，再为其添加"法线"修改器，勾选"翻转法线"（图16-7）。

8. 再对模型击右键，选择"转换为"中的"转换为可编辑多边形"，按"F4"键显示边框（图16-8）。

图16-7　设置对象属性

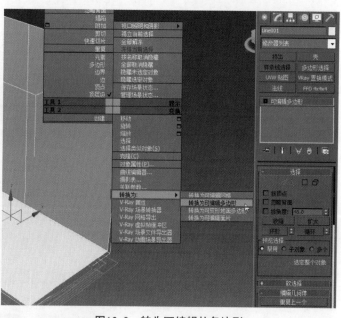

图16-8　转为可编辑的多边形

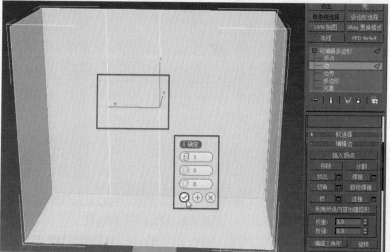

图16-9　连接边

9. 进入修改面板选择"边"层级，按"Ctrl"键选择门左右的两条边，点击下面"连接"后的小按钮，在两条边中间连接一条边（图16-9）。

10. 选择连接的线，切换到"移动"工具，在视图区下方的坐标轴中，将"Z"轴的坐标设为2100（图16-10）。

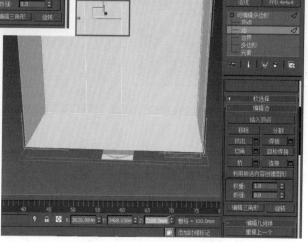

图16-10　设置Z轴坐标参数

特别提示

在墙体上开设门、窗洞的方法还有很多种，本书所介绍的方法最简单，能随时修改、调整。

如果墙体模型是采用立方体拼接，接缝处很难达到无缝效果，即使精确对齐，其后的各种操作也可能会对其造成轻微移动，影响模型质量与渲染效果。如果使用"布尔运算"的方式开设门、窗洞口，可能会造成墙面模型破碎或形成不规则的空洞，这些都会给后期赋予材质与渲染带来困难。

11. 切换到"多边形"层级，勾选"忽略背面"，选择门的多边形将其挤出–240，按"Delete"键删除（图16–11）。

12. 切换到"边"层级，同时选择窗户左右两条边，单击"连接"后的小按钮，在中间连接两条边（图16–12）。

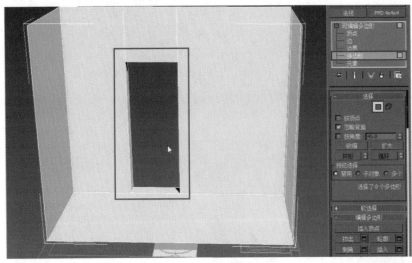

图16-11　挤出门并删除面

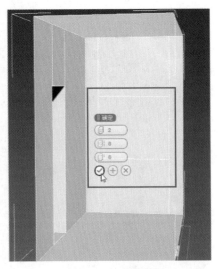

图16-12　连接边

13. 使用"移动"工具，在视图区下方坐标轴中，将上边"Z"轴值调设为2500，将下边"Z"轴值设为1200（图16–13）。

14. 切换到"多边形"层级，选择窗的多边形挤出–240，按"Delete"键删除（图16–14）。

15. 继续选择地面与顶面将其一一分离，并重新命名（图16–15）。

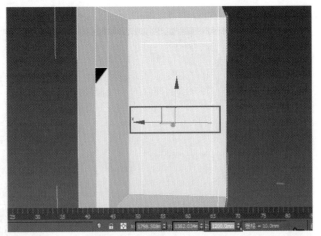

图16-13　设置Z轴坐标参数

图16-14　挤出窗并删除面

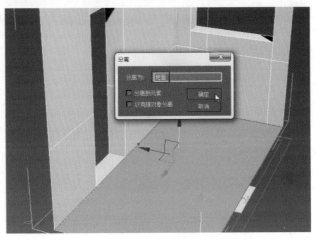

图16-15　分离面

16. 回到"边"层级，在修改面板下面单击"切片平面"，在视图区下方将切片平面的"Z"轴设为950，并单击左边"切片模式"中的"切片"（图16-16）。

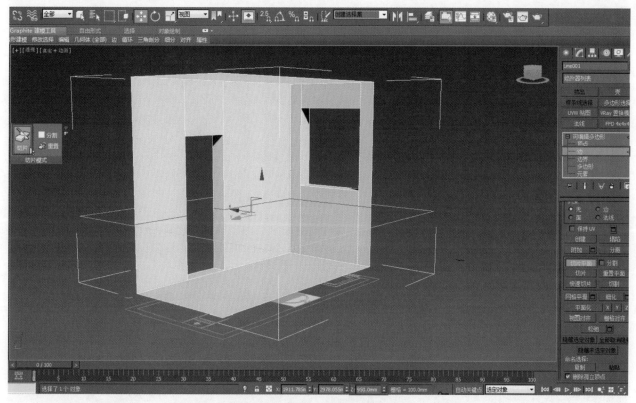

图16-16　设置Z轴坐标参数并切片

17. 在修改面板中单击"切片平面"退出切片，切换到"多边形"层级，在透视图中选择切割线下方的所有内墙面（图16-17）。

18. 将墙面挤出，选择按"局部法线"的方式，挤出"数量"设为20（图16-18）。

19. 向下滑动修改面板，在下面的"材质ID"卷展栏中，将"设置ID"设为2（图16-19）。

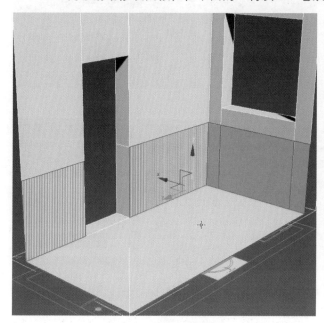

图16-17　选择内墙面

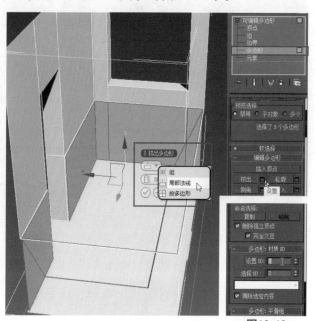

图16-18　挤出墙面

图16-19
设置材质ID

20. 展开菜单栏中的"编辑"，选择"反选"，并将"设置ID"设为1（图16-20）。

21. 退出"多边形"层级，回到"可编辑多边形"层级，进入顶视图，打开"捕捉"工具，从门的上边缘到门的下边缘逆时针创建线（图16-21）。

图16-20　反选面　　　　　　　　　　　　　图16-21　创建线

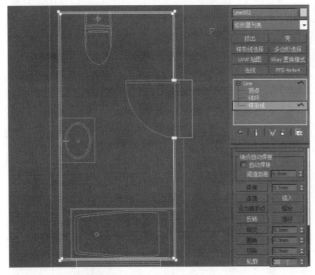

图16-22　设置样条线轮廓参数

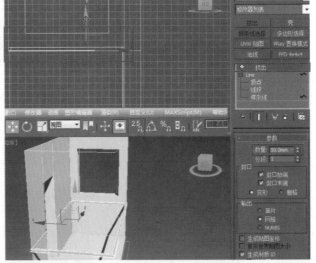

图16-23　挤出修改器

22. 单击右键结束创建线，进入修改面板，单击"Line"，选择"样条线"级别，向下拖动修改面板，在下面的"轮廓"按钮后输入30，按"Enter"键结束（图16-22）。

23. 为其添加"挤出"修改器，"数量"设为50，进入前视图，关闭"捕捉"，将其移动至墙体中间偏下的位置（图16-23）。

24. 最大化前视图，打开"捕捉"工具，创建线，描绘装饰线的截面图形，闭合样条线，描绘时注意曲线部分只捕捉其顶点即可（图16-24）。

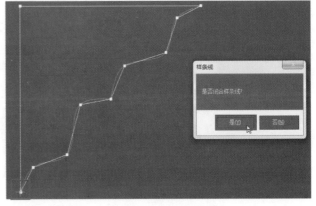

图16-24　绘制图形

25. 进入修改面板，展开"Line"进入"顶点"级别，将曲线上的点都改为"平滑"（图16-25）。

26. 再选择中间的点，单击右键将其改为"Bezier角点"，调整点的位置，让点、线与原图形尽量重合（图16-26）。

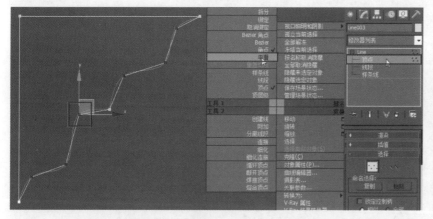
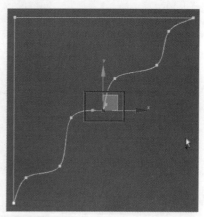

图16-25 将曲线上的点改为"平滑"　　　　　图16-26 调整角点

27. 缩小顶视图，打开"捕捉"，顺时针捕捉内墙体创建线，闭合样条线（图16-27）。

28. 进入创建面板，为其添加"倒角剖面"修改器（图16-28）。

29. 单击"拾取剖面"，拾取右上角绘制完成的小图形（图16-29）。

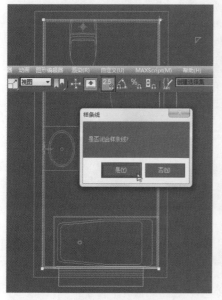

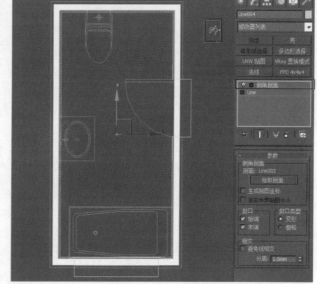

图16-27 创建线　　　　图16-28 添加　　　　图16-29 拾取图形
　　　　　　　　　　　"倒角剖面"修改器

30. 进入前视图将其移动到顶部，在修改面板中展开"倒角剖面"，选择"剖面Gizmo"（图16-30）。

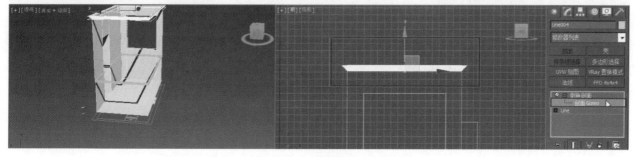

图16-30 选择剖面Gizmo

31. 选择"旋转"工具，并在"旋转"工具的图标上单击右键，在弹出"旋转变换输入"对话框的"偏移"中"Z轴"输入180，按"Enter"键确定（图16-31）。

32. 退回到"倒角剖面"层级，打开"捕捉"工具，使用"移动"工具，在前视图中将其移动至贴于顶面的位置（图16-32）。

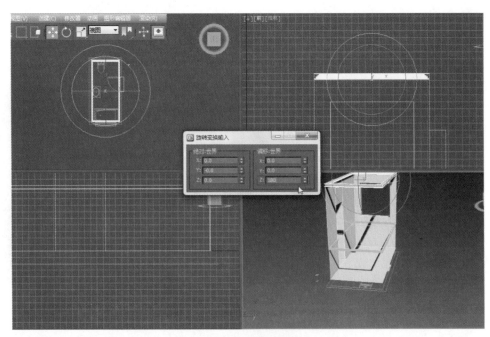

图16-31　旋转倒角模型

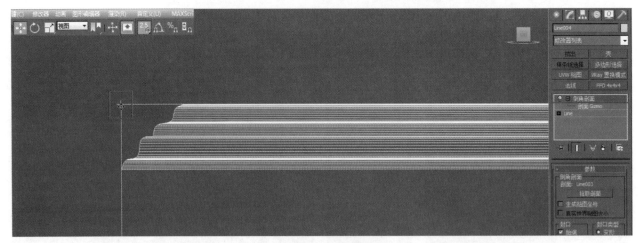

图16-32　移动倒角模型

16.2　设置摄影机与初步材质

难度等级 ★★★☆☆

1. 在创建面板选择摄影机，在顶视图中创建"目标摄影机"，单击右键结束创建（图16-33）。

2. 在顶视图中选择摄影机的"中线"，单击右键切换到前视图中，使用"移动"工具将其向上移动（图16-34）。

3. 单击摄影机，进入修改面板，并将透视图改为摄影机视图，在修改面板中选择"20mm"的备用镜头（图16-35）。

4. 由于本场景中的摄影机在墙体之外，所以需要打开摄影机的"剪切平面"功能，向下滑动修改面板，勾选下面"剪切平面"中的"手动剪切"，并将"近距剪切"设为600，"远距剪切"设为10000（图16-36）。

5. 在顶视图中移动摄影机，让近距红线穿过墙体，且不与墙体重合（图16-37）。

精华篇

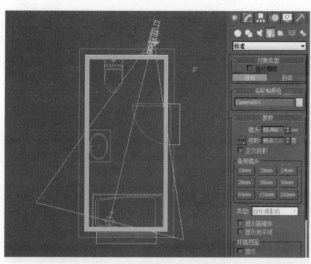

图16-33　创建目标摄影机

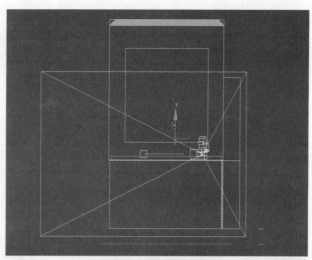

图16-34　移动摄影机

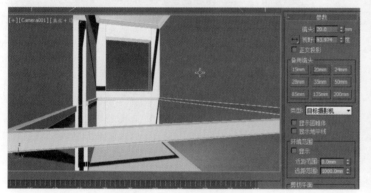

图16-35　选择摄影机镜头

图16-36　设置
剪切平面参数

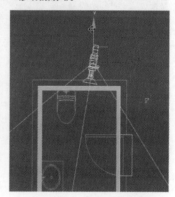

图16-37　移动摄影机

6. 选择墙体，打开"材质编辑器"，选择第一个材质球命名为"墙面"，将其转为"多维/子对象材质"，材质"设置数量"设为2（图16-38）。

7. 选择1号材质球，将其转为"VRayMtl"材质，在"漫反射"贴图位置拖入一张墙纸贴图，并单击视口中"显示明暗处理材质"（图16-39）。

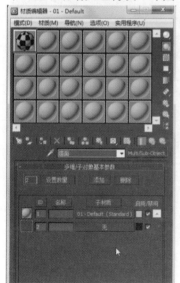

图16-38　设置墙面材质（一）

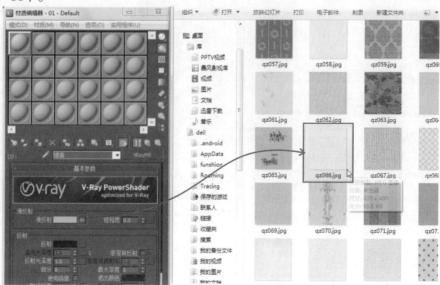

图16-39　设置墙面材质（二）

8. 返回"父层级"，选择2号材质球，将其转为"VRayMtl"材质，在漫反射贴图位置拖入一张墙纸贴图，并单击视口中"显示明暗处理材质"（图16-40）。

9. 将材质赋予给墙体，并给墙体添加"UVW贴图"修改器，将贴图类型改为"长方体"，并将长度、宽度、高度都设为500（图16-41）。

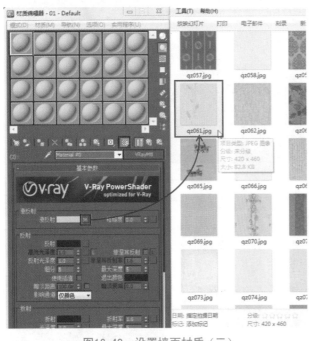

图16-40　设置墙面材质（三）

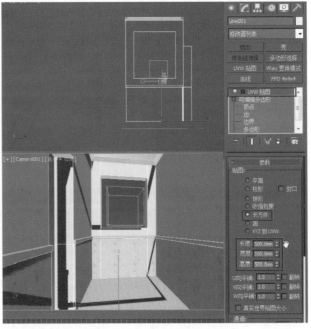

图16-41　设置墙面材质（四）

10. 打开"材质编辑器"，选择第二个材质球命名为"白乳胶"，将其转为"VRayMtl"材质，将"漫反射"颜色调整为白色，将其赋予顶面与顶面的造型（图16-42）。

11. 选择第三个材质球命名为"木地板"，在材质库中选择前面保存过的"木地板"材质，并将其"反射"颜色设为32，"高光光泽度"设为0.66，"反射光泽度"设为0.8（图16-43）。

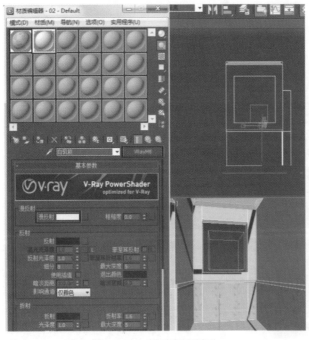

图16-42　设置顶面材质

图16-43　设置地面材质（一）

12. 选择一张木地板的贴图将其拖入到"漫反射"的贴图位置，并将贴图复制到"凹凸"贴图位置，单击视口中的"显示明暗处理材质"（图16-44）。

13. 将材质赋予给地面，进入修改面板，给地面添加"UVW贴图"修改器，将贴图类型改为"长方体"，并将长度、宽度、高度设为1500（图16-45）。

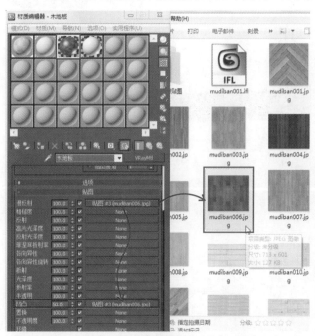

图16-44　设置地面材质（二）

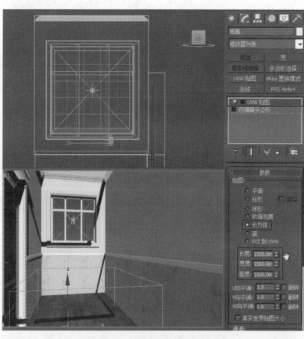

图16-45　设置地面材质（三）

14. 选择第四个材质球命名为"白木"，在材质库中导入上章使用的"白木"材质，其参数为"漫反射"颜色为白色，"反射"颜色设为80，"高光光泽度"设为0.7，"反射光泽度"设为0.95，勾选"菲涅耳反射"，将其赋予中间的装饰腰线（图16-46）。

15. 在主菜单栏中选择导入的合并，在"模型\第16章\模型"中将门与窗户分别合并进来，按"F4"键取消边框，导入后的效果如图16-47所示。

图16-46　设置腰线材质

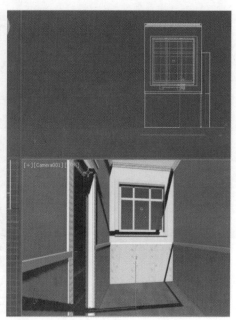

图16-47　合并门窗模型

16. 选择中间的装饰腰线，进入修改面板，选择"Line"中的"顶点"级别，在摄影机视图中按"P"键，将摄影机视图转为透视图（图16-48）。

17. 框选门两边的顶点，将其移出于门的重合位置，并回到"挤出"层级（图16-49）。

图16-48　选择腰线端点

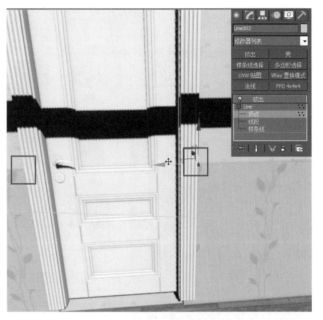

图16-49　移动顶点

16.3　设置灯光与渲染参数

1. 按"C"键回到摄影机视图，最大化前视图，在创建面板创建与窗口大小重合的一个"VRay灯光"，并在顶视图中将其移动到窗口位置（图16-50）。

2. 进入修改面板，将其"倍增"值设为10，将"颜色"调整为浅蓝色，勾选"不可见"，取消勾选"影响高光反射"与"影响反射"（图16-51）。

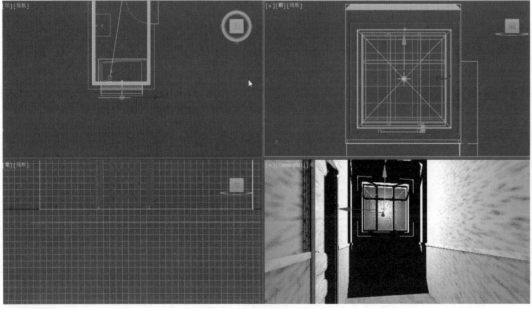

图16-50　创建VRay灯光

图16-51　设置灯光参数

3. 按"F10"键，进入"渲染设置"面板，在"公用"选项中将"输出大小"改为640×480，进入"V-Ray"选项在"图像采样器"卷展栏中将"类型"设为"固定"，打开"抗锯齿过滤器"并设为区域（图16-52）。

4. 展开"环境"卷展栏，将"全局照明环境"打开，"倍增"值设为7，展开下面的"颜色贴图"卷展栏，"类型"设为"线性倍增"，"暗色倍增"值设为1.2，"亮度倍增"设为1.2（图16-53）。

5. 进入"间接照明"卷展栏，勾选"间接照明"的"开"，并将"二次反弹"的"倍增"值设为0.9，展开"发光图"卷展栏，将"当前预置"设为"自定义"，"最小比率"设为-6，"最大比率"设为-5，"半球细分"与"插值采样"都设为30（图16-54）。

图16-52 设置渲染尺寸与图像采样器

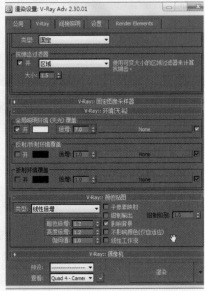

图16-53 设置环境与颜色贴图

图16-54 设置间接照明

6. 进入"设置"选项，展开"系统"卷展栏，勾选"帧标记"，删除前面的部分只保留渲染时间，并取消勾选"显示窗口"（图16-55）。

图16-55 设置系统

图16-56 渲染场景效果

7. 设置完成之后，单击"渲染"，经过5s左右，渲染即完成，这时可以观察初步效果，虽然光线很柔和，但是感觉不明快，需要设置其他灯光来补充照明，可以将阳光引进来（图16-56）。

8. 进入创建面板，在左视图中创建一个"VR太阳"灯光，在弹出的"VRay太阳"对话框中单击"否"（图16-57）。

9. 进入顶视图将其移动到窗口位置，进入修改面板，将"强度倍增"设为0.04（图16-58）。

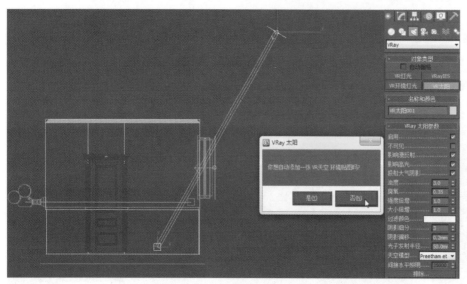

图16-57　创建VR太阳灯光

图16-58　设置强度倍增参数

10. 单击下面的"排除"按钮，在排除对话框中将"玻璃"排除到右边，单击"确定"（图16-59）。

11. 渲染摄影机视图测试效果，观察灯光强弱与位置，方便进一步修改（图16-60）。

12. 观察发现场景灯光有些偏冷，可以在顶部添加一些暖光源，进入顶视图创建一个"VR灯光"（图16-61）。

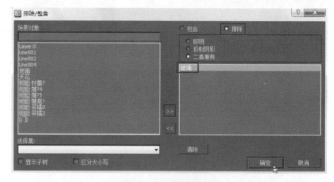

图16-59　排除玻璃

图16-60　渲染场景效果

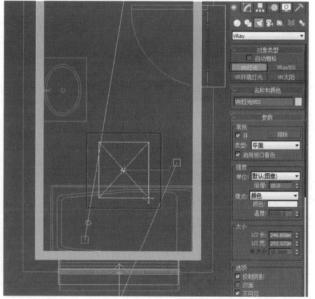

图16-61　创建VRay灯光

13. 在前视图中将灯光移动到顶部位置，进入修改面板，将"倍增"值设为4，"颜色"改为浅黄色，并在顶视图中将其复制一个到上方（图16-62）。

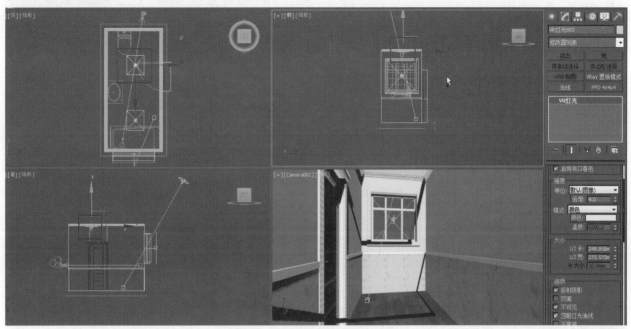

图16-62　移动灯光并设置参数

14. 渲染场景观察效果，发现内部空间过于偏暖，可以在内部继续添加冷光源灯（图16-63）。

15. 在顶视图，将窗口的灯光向内复制，将其在"Y"轴方向镜像，并修改"大小"尺寸设为1/2长为420mm，1/2宽为680mm，"倍增"值设为2（图16-64）。

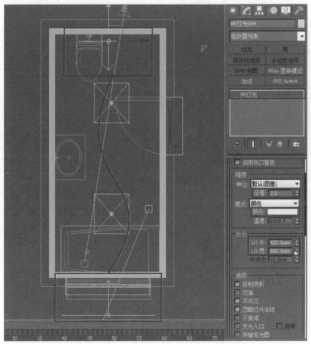

图16-64　复制灯光并设置参数

图16-63　渲染场景效果

16. 展开菜单栏中的"渲染"，选择"环境"，在"环境与效果"面板中将"背景颜色"设为白色（图16-65）。

图16-65　设置环境和效果

特别提示

　　卫生间、浴室、洗手间等空间的效果图表现主要追求光亮、洁净的效果。但是墙面材质不一定全部要用瓷砖等传统材料，防水壁纸、防水涂料都是不错的选择。墙面腰线高度一般应与门的把手高度相当。地面可以适当选用木纹贴图，可以表现出木纹地砖的效果，但是应该增加反光。

　　由于这类空间面积不大，合并到空间中的家具、洁具、陈设配饰等物件的比例要严格控制，一旦有偏差就显得特别明显，严重影响效果图质量。室内灯光与日光照明亮度要有保证，不宜过亮，否则会显得色彩层次单薄，此外，部分家具、洁具可以考虑使用中、深色彩的材质贴图。

　　17. 渲染摄影机视图，观察效果，这时灯光已基本达到要求（图16-66）。

图16-66　渲染场景效果

16.4　合并模型与精确材质

难度等级
★★★☆☆

　　1. 打开主菜单栏，选择"导入"中的"合并"，进入"模型\第16章\模型"，将里面的其余模型文件一一合并进场景中，全部合并后的效果如图16-67所示。

　　2. 合并之后，场景贴图路径会发生错误，场景中的很多贴图都不能显示，打开"材质编辑器"，选择空的材质球，使用"吸管"工具吸取没有材质贴图的模型，并在"模型\第16章\模型\归档"中，按名称找到其贴图，将其拖入位图处，使用此方法依次处理所有材质贴图（图16-68）。

　　3. 将所有的材质贴图路径更改完毕后，渲染摄影机视图，观察效果（图16-69）。

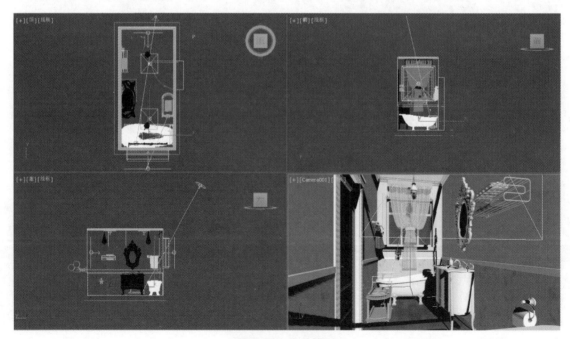

图16-67　合并模型

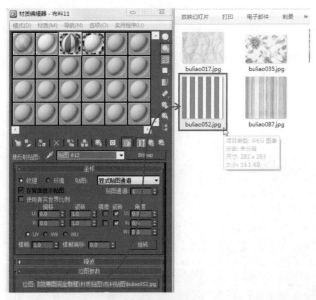

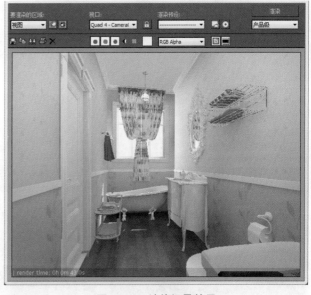

图16-68　查找贴图

图16-69　渲染场景效果

16.5　最终渲染

难度等级
★★★★☆

1. 按"F10"键打开"渲染设置"面板，进入"公用"选项，锁定"图像纵横比"，将"输出大小"设为宽度400，高度300（图16-70）。

2. 进入"V-Ray"选项，展开"全局开关"卷展栏，将"不渲染最终的图像"勾选，再展开"图像采样器"卷展栏，将"图像采样器"中的"类型"设为"自适应细分"，在"抗锯齿过滤器"中勾选"开"，设为"Mitchell-Netravali"（图16-71）。

3. 进入"间接照明"选项，展开"间接照明"卷展栏，勾选"开"，将"二次反弹"中的"全局照明引擎"设为"灯光缓存"，展开"发光图"卷展栏，将"当前预置"设为"高"，"半球细分"设为50，"插值采样"设为30（图16-72）。

图16-70　设置渲染（一）　　　　　图16-71　设置渲染（二）　　　　　图16-72　设置渲染（三）

4. 向下拖动，将"自动保存"与"切换到保存的贴图"勾选，并单击后面的"浏览"，将其保存在"模型\第16章\光子图"中，命名为1（图16-73）。

5. 展开"灯光缓存"卷展栏，勾选"显示计算相位"，将"自动保存"与"切换到被保存的缓存"勾选，并单击后面的"浏览"，将其保存在"模型\第16章\光子图"中，命名为2（图16-74）。

6. 进入"设置"选项，展开"DMC采样器"卷展栏，将"最小采样值"设为12，"噪波阈值"设为0.005（图16-75）。

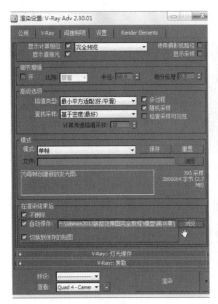

图16-73 设置渲染（四）

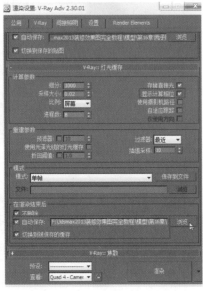

图16-74 设置渲染（五）

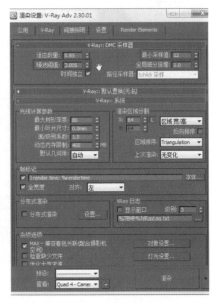

图16-75 设置渲染（六）

7. 局部调整模型位置，切换到摄影机视图，按"Shift+F"键显示安全框，发现马桶位置有黑色部分，在顶视图稍微调节摄影机的位置，并调节修改面板中"剪切平面"的"近距剪切"参数，直至完全消除黑色（图16-76）。

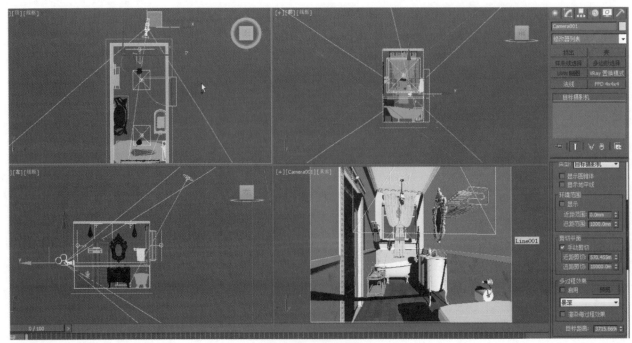

图16-76 局部调整

8. 渲染场景，经过渲染后就会得到两张光子图（图16-77）。

9. 现在可以渲染最终的图像了，按"F10"键打开"渲染设置"面板，进入"公用"选项，将"输出大小"设成宽度为1600，高度为1200，向下滑动单击"渲染输出"的"文件"按钮，将其保存在"模型\第16章"中，取名为"效果图"（图16-78）。

10. 进入"V-Ray"选项，将全局开关中的"不渲染最终的图像"取消勾选，这个是关键，如果不取消勾选则无法渲染出图像（图16-79）。

图16-77　渲染场景效果

图16-78　设置输出尺寸并命名

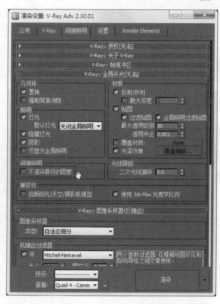

图16-79　取消勾选"不渲染最终的图像"

11. 单击"渲染"按钮，经过30min左右的渲染，就可以得到一张高质量的效果图，并且会被保存在预先设置的文件夹内（图16-80）。

12. 这时可以使用任何图像处理软件进行修饰，如PhotoshopCS，主要进行明暗、对比度、锐化等处理，处理后的效果就比较完美了（图16-81）。

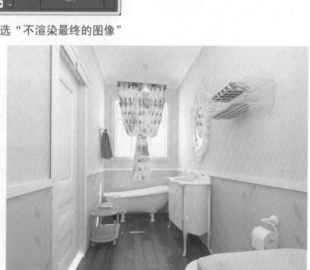

图16-80　最终的效果图渲染完毕

图16-81　效果图后期处理完毕

第17章　餐厅效果图实例制作

本章节将以家居餐厅空间为例，制作餐厅效果图，在家居装修中，通常餐厅与客厅连为一体，但是餐厅的面积不大，装修构造与色彩搭配会更丰富些，因此，餐厅效果图的品质主要在于材质贴图的质量。此外，灯光照明也应该随之提升，使图片效果显得更加轻快、明亮。

17.1　建立墙体

难度等级
★★★★★

1. 在主菜单中选择导入，将"模型\第17章\CAD"中的"平面图.dwg"导入到场景中，在"导入选项"中勾选"重缩放"（图17-1）。

　　2. 框选所有导入文件，在前视图中将其向下移动一定距离，并将其"冻结当前选择"（图17-2）。

　　3. 将"捕捉"转为"2.5维捕捉"，并在"捕捉"上单击右键，打开"栅格和捕捉设置"面板，将"选项"中的"捕捉到冻结对象"勾选（图17-3）。

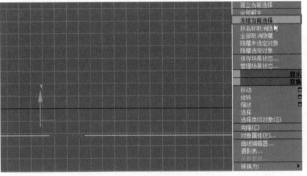

图17-1　导入图纸文件　　　　　图17-2　移动并冻结图纸　　　　　图17-3　设置捕捉

4. 创建线，在顶视图中用线捕捉内墙体，并将门与窗两端给予分段点，闭合样条线（图17-4）。

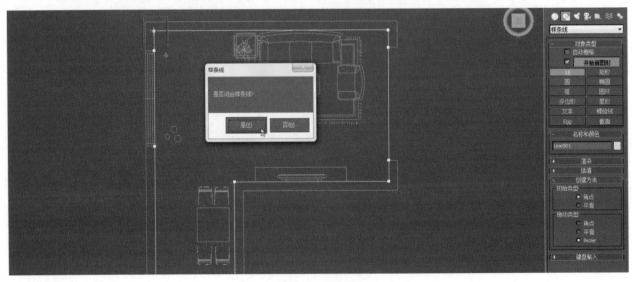

图17-4　创建线

精华篇

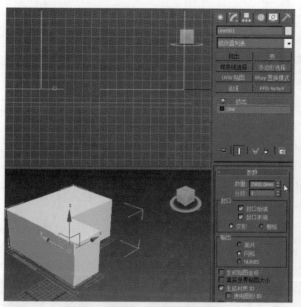

图17-5　添加"挤出"修改器

图17-6　设置对象属性

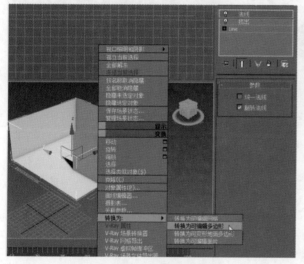

图17-7　转为可编辑的多边形

图17-8　连接边

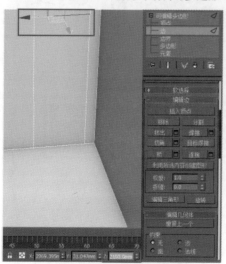

图17-9　设置Z轴坐标参数

图17-10　挤出面并删除

5. 进入修改面板，添加"挤出"修改器，将挤出"数量"设为2900（图17-5）。

6. 选择模型，击右键选择"对象属性"，在"对象属性"中勾选"背面消隐"（图17-6）。

7. 为其添加"法线"修改器，再对模型击右键选择"转换为可编辑多边形"，按下"F4"键显示边框（图17-7）。

8. 进入修改面板，选择"边"层级，按"Alt键+鼠标滑轮"旋转透视图，按下"Ctrl"键选择门的两条边，单击下面"连接"后的小按钮在中间连接一条边（图17-8）。

9. 选择连接的线，切换到"移动"工具，在视图区下方的坐标轴中将"Z"轴坐标设为2100（图17-9）。

10. 切换到"多边形"层级，勾选"忽略背面"，选择门的多边形，单击"挤出"后的小按钮，挤出-120，按"Delete"键删除面（图17-10）。

11. 旋转视图到客厅的门，切换到"边"层级，按"Ctrl"键选择门的两条边，单击下面的"连接"按钮在中间连接一条边，并将视图区下方的"Z"轴坐标设为2500（图17-11）。

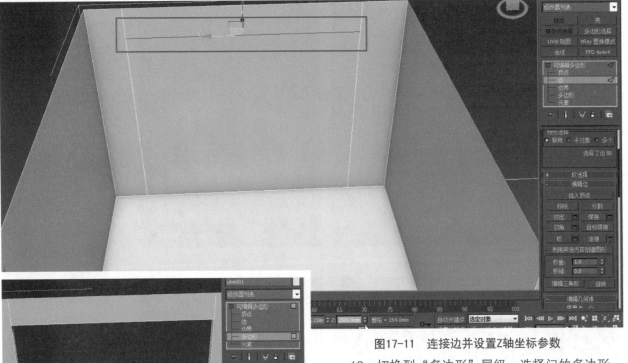

图17-11　连接边并设置Z轴坐标参数

12. 切换到"多边形"层级，选择门的多边形，勾选"忽略背面"，单击"挤出"后的小按钮，将其挤出-120，按"Delete"键删除（图17-12）。

13. 旋转视图，切换到"边"层级，同时选择窗户左右两条边，单击"连接"，在中间连接两条边，并将其"滑块"调整为85（图17-13）。

14. 切换到"多边形"层级，选择中间多边形，并在修改面板下面选择"分离"，命名为"窗框"（图17-14）。

图17-12　挤出并删除面

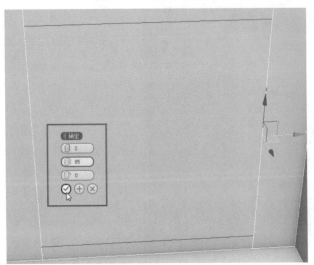

图17-13　连接边

图17-14　分离面

15. 退回到"可编辑多边形"，然后选择窗框，同时选择上下两条边，在中间连接两条垂直边，并将"滑块"值调整为0（图17-15）。

16. 按住"Ctrl"键，加选左右两条边，在这4条边中间连接两条水平边（图17-16）。

图17-15　连接边（一）

图17-16　连接边（二）

17. 切换到"多边形"层级，选择所有的9个多边形，将其挤出，挤出值设为30（图17-17）。

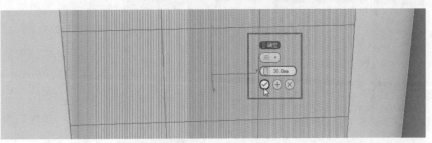

图17-17　挤出面

18. 继续选择"插入"，插入值设为30，选择"按多边形"方式插入（图17-18）。

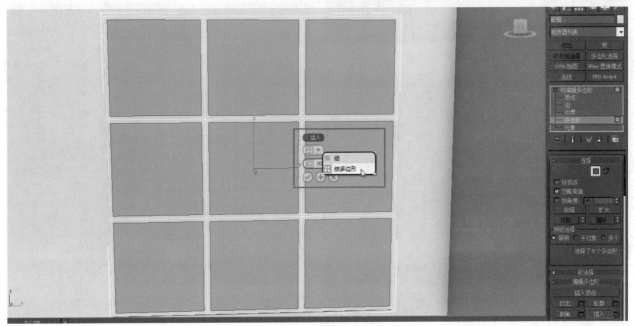

图17-18　插入面

19. 然后将其再次挤出，挤出值设为−100（图17-19）。

20. 在修改面板下方选择"分离"，并命名为"玻璃"（图17-20）。

图17-19　挤出面

图17-20　分离窗户面并命名

21. 退回到"可编辑多边形"级别，选择玻璃，为玻璃添加"壳"修改器，并将壳的"外部量"设为25（图17-21）。

22. 选择墙体模型，切换到"多边形"级别，将地面与顶面分离，并分别命名为"地面"与"顶面"（图17-22）。

23. 选择厨房门右侧的墙面，也将其分离，命名为"餐厅墙"（图17-23）。

图17-21　添加"壳"修改器

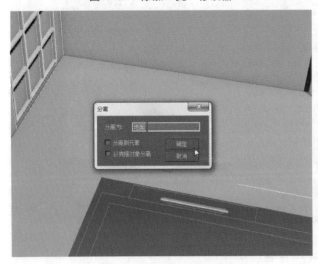

图17-22　分离地面与顶面并命名

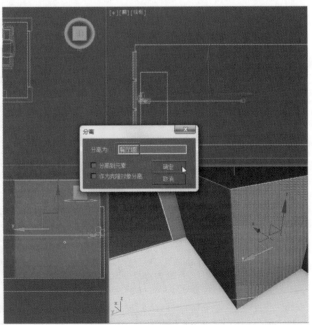

图17-23　分离墙面并命名

24. 进入顶视图，制作顶部造型，在顶视图中创建线（图17-24），完成后单击右键结束。

25. 进入修改面板，选择"Line"的"样条线"级别，在下面的"轮廓"后输入-200，按"Enter"键结束（图17-25）。

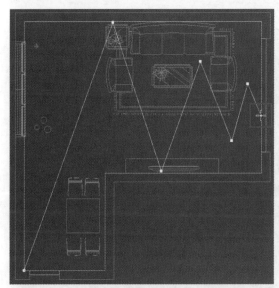

图17-24 创建线

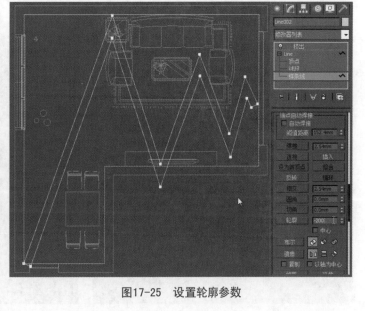

图17-25 设置轮廓参数

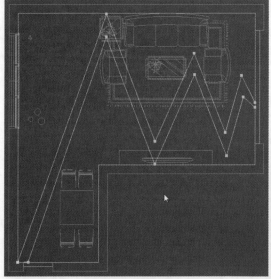

图17-26 移动点

26. 回到"顶点"级别，将露出墙面的点移动到墙内，尽量能与墙线重合（图17-26）。

27. 为该样条线添加"挤出"修改器，将挤出"数量"设为100，样条线即转变为三维模型，使用"移动"工具，关闭"捕捉"，将其移动到贴于顶面的位置，或根据设计要求与顶面保持一定间距（图17-27）。

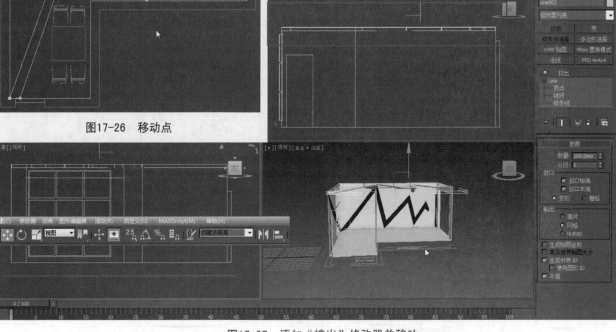

图17-27 添加"挤出"修改器并移动

28. 最大化顶视图，打开"捕捉"工具，创建线，从客厅门下部开始，顺时针捕捉到下部厨房门的右侧点，单击右键结束（图17-28）。

29. 进入修改面板，选择"样条线"级别，在"轮廓"后输入-20，然后添加"挤出"修改器，将挤出"数量"设为100（图17-29）。

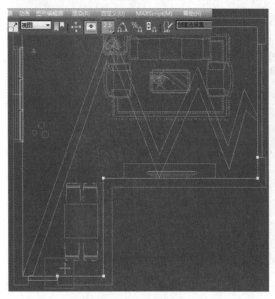

图17-28 创建线　　　　　图17-29 设置轮廓参数并添加"挤出"修改器

30. 在顶视图中继续创建线，从下面厨房门的左侧开始，顺时针到客厅门的上方点结束（图17-30）。

31. 单击右键结束创建，进入修改面板，进入"样条线"级别，在"轮廓"后输入-20，然后将其挤出，将挤出"数量"设为100（图17-31）。

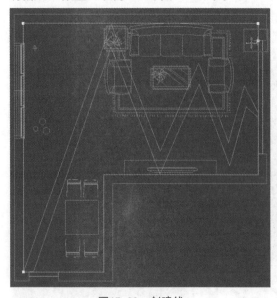
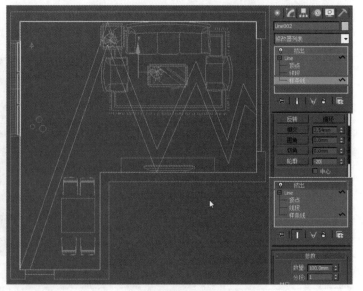

图17-30 创建线　　　　　图17-31 设置轮廓参数并添加挤出

32. 最大化前视图创建线，单击右键结束，并进入修改面板（图17-32）。

33. 进入"样条线"级别，在"轮廓"后输入-100，然后进入"顶点"级别，关闭"捕捉"，调整点的位置（图17-33）。

34. 调整完成之后，为其添加"挤出"修改器，将挤出"数量"设为20，并在顶视图中将其移动到贴于上部墙面的位置（图17-34）。

精华篇

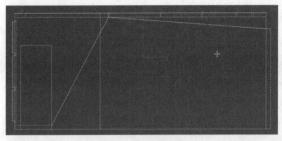

图17-32 创建线

图17-33 设置轮廓参数

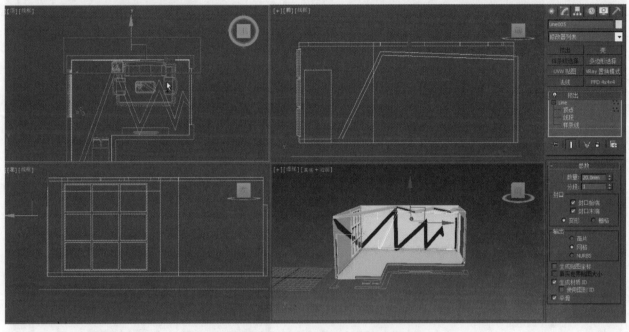

图17-34 添加"挤出"修改器并移动

17.2 设置摄影机与初步材质

难度等级
★★★★☆

1. 在创建面板选择摄影机，在顶视图中创建"目标摄影机"，单击右键结束创建（图17-35）。

2. 在顶视图选择摄影机的中线，单击右键切换到前视图中，将摄影机向上移动（图17-36）。

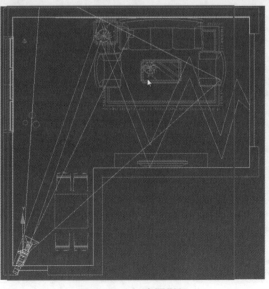

图17-35 创建摄影机

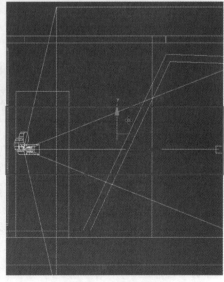

图17-36 移动摄影机

3. 单击摄影机，进入修改面板，并将透视图改为摄影机视图，在修改面板的"备用镜头"中选择"20mm"镜头（图17-37）。

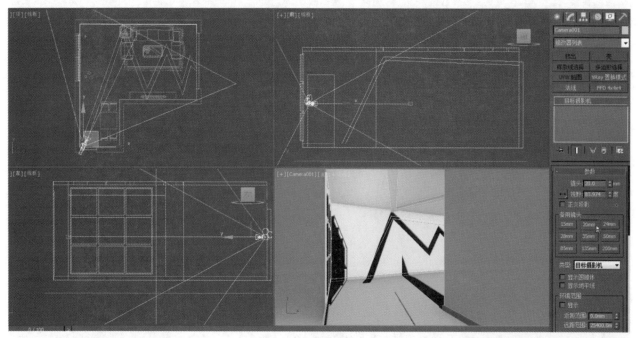

图17-37 选择摄影机镜头

4. 选择墙体，打开"材质编辑器"，选择第一个材质球命名为"墙面"，将其转为"VRayMtl"材质，并将"漫反射"的颜色设为浅蓝色，将颜色红、绿、蓝值分别设为47、68、75，将其赋予墙体（图17-38）。

5. 选择第二个材质球，在材质库中调用前面使用过的"白木"材质，将其赋予踢脚线、窗框、墙面等模型（图17-39）。

6. 选择第三个材质球命名为"瓷砖"，转为"VRayMtl"材质，将"反射颜色"都设为33，"高光光泽度"设为0.85，"反射光泽度"设为0.98，单击"漫反射"贴图，选择"平铺"（图17-40）。

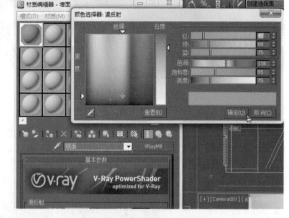

图17-38 设置墙面材质

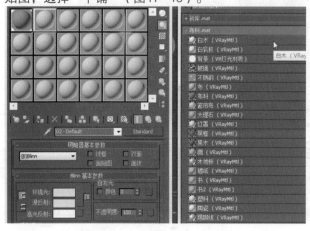

图17-39 设置线框材质

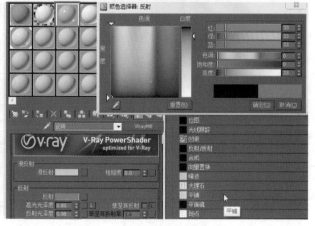

图17-40 设置瓷砖材质（一）

7. 将"预设类型"保持默认的"堆栈砌合",展开"高级控制",单击"纹理"后面的"None"长按钮,选择"位图",然后单击"取消",并在材质贴图中找一张石材贴图拖动到位图位置,单击视口中"显示明暗处理材质"(图17-41)。

8. 回到"父层级",将平铺设置中的"水平数"与"垂直数"都设为1,将下面的"砖缝设置"中的"纹理颜色"加深,并将"水平间距"与"垂直间距"都设为0.1(图17-42)。

 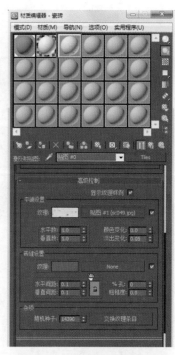

图17-41 设置瓷砖材质(二)   图17-42 设置瓷砖材质(三)

9. 将材质赋予地面,并让其在视图显示位图,选择地面为其添加"UVW贴图"修改器,选择"长方体"贴图,并将长度、宽度、高度都设为800(图17-43)。

10. 选择第四个材质球命名为"白乳胶",将其转为"VRayMtl"材质,将"漫反射颜色"设为白色,将其赋予顶面(图17-44)。

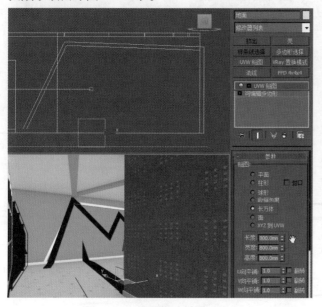 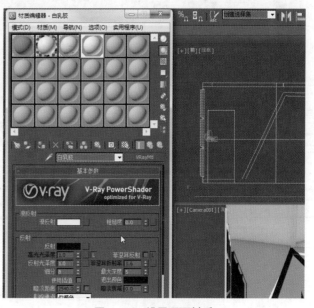

图17-43 设置瓷砖材质(四)   图17-44 设置顶面材质

11. 选择第五个材质球命名为"餐厅墙面"，将其转为"VRayMtl"材质，在"漫反射"贴图位置拖入一张墙纸贴图（图17-45）。

12. 将该材质赋予餐厅墙面，并在视图中显示位图，选择餐厅墙，为其添加"UVW贴图"修改器，选择"长方体"贴图，将长度、宽度、高度都设为2000，并展开"UVW贴图"层级，选择"Gizmo"层级，使用"移动"工具将其向"Y"轴负方向移动，使墙面贴图铺装完整（图17-46）。

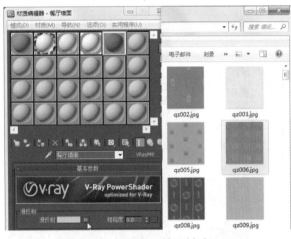
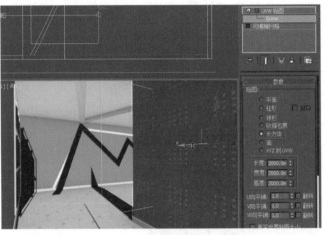

图17-45　设置餐厅墙面材质（一）　　　　　　　图17-46　设置餐厅墙面材质（一）

13. 选择第六个材质球命名为"玻璃镜花"，将其转为"VRayMtl"材质，将"漫反射颜色"的红、绿、蓝值分别设为102、114、124，并在反射位置拖入一张镜花贴图（图17-47）。

14. 打开高光光泽度后面的L，将"高光光泽度"值设为0.5，"反射光泽度"值设为0.85，"细分"设为15，单击视口中"显示明暗处理材质"，并将其赋予顶部的吊顶造型（图17-48）。

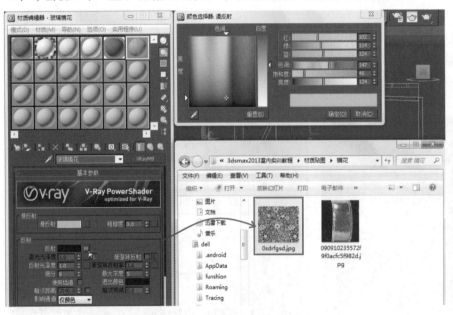

图17-47　设置吊顶材质（一）　　　　　　　图17-48　设置吊顶材质（二）

15. 为吊顶造型添加"UVW贴图"修改器，选择"长方体"贴图，并将长度、宽度、高度都设为2000（图17-49）。

16. 选择第七个材质球命名为"玻璃"，在材质库中调用前面使用的"玻璃"材质，勾选"折射"里的"影响阴影"，并将其赋予给窗户上的玻璃（图17-50）。

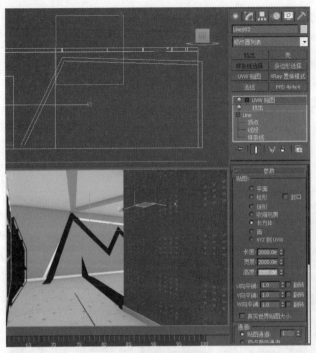

图17-49　设置吊顶材质（三）

图17-50　设置玻璃材质

17.3　设置灯光与渲染参数

难度等级
★★★★☆

1. 进入创建面板选择"VRay灯光"，在左视图创建与窗口大小重合的VRay灯光，并在顶视图中将其移动至窗口位置（图17-51）。

2. 进入修改面板，将其"倍增"值设为5，将"颜色"调整为浅蓝色，勾选"不可见"，取消勾选"影响高光反射"与"影响反射"（图17-52）。

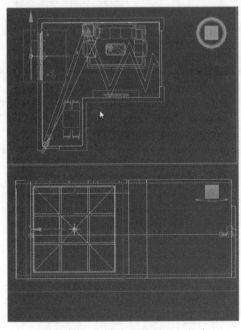

图17-51　创建窗口位置VRay灯光

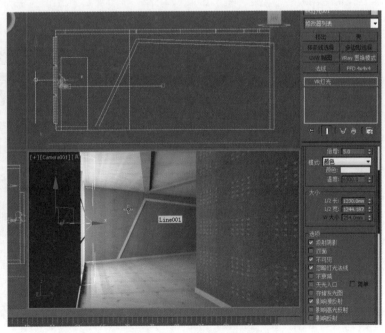

图17-52　设置VRay灯光

3. 按 "F10" 键，进入 "渲染设置" 面板，在 "公用" 选项中将 "输出大小" 设为640×480，进入 "V-Ray" 选项，在 "图像采样器" 卷展栏中将 "类型" 设为 "固定"，打开 "抗锯齿过滤器" 并设为 "区域"（图17-53）。

4. 展开 "环境" 卷展栏，将 "全局照明环境" 打开，"倍增" 值设为5，展开 "颜色贴图" 卷展栏，"类型" 设为 "莱因哈德"，"倍增" 设为1.0，"加深值" 设为1.2，"伽马值" 设为1.0（图17-54）。

5. 进入 "间接照明" 选项，将 "间接照明" 打开，并将 "二次反弹" 的 "倍增" 设为0.9，展开 "发光图" 卷展栏，将 "当前预置" 设为 "自定义"，"最小比率" 设为-6，"最大比率" 设为-5，"半球细分" 与 "插值采样" 都设为30（图17-55）。

图17-53　设置渲染尺寸与图像采样器

图17-54　设置环境与颜色贴图

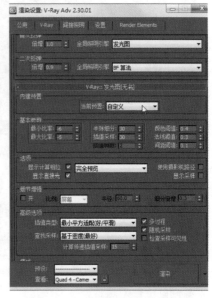

图17-55　设置间接照明与发光图

6. 进入 "设置" 选项，展开 "系统" 卷展栏，勾选 "帧标记"，删除前段文字，只保留 "render time：% render time"（渲染时间），取消勾选 "显示窗口"，设置完成之后，按 "Shift+F" 键显示安全框，单击 "渲染"（图17-56）。

7. 经过5s左右的渲染，可以观察效果（图17-57）。

8. 打开 "捕捉" 工具，在左视图中捕捉客厅门创建VRay灯光，关闭 "捕捉" 工具，在顶视图将灯光移动到客厅门的位置，并将

图17-56　设置系统

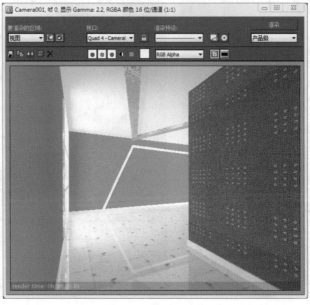

图17-57　渲染场景效果（一）

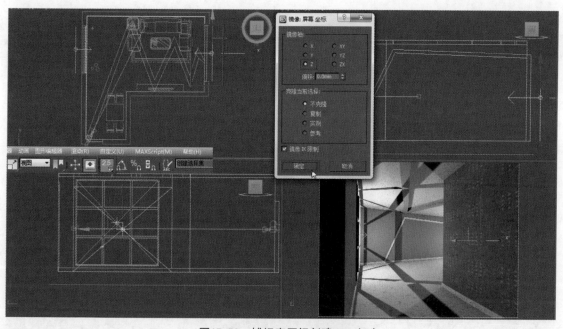

图17-58　捕捉客厅门创建VRay灯光

其在"Z"轴上镜像（图17-58）。

9. 进入修改面板，将"倍增"设为2，将"大小"设成1/2长为400，1/2宽为1050，进行渲染（图17-59）。

10. 打开"捕捉"工具，在前视图中捕捉厨房门创建VRay灯光，关闭"捕捉"工具，在顶视图将灯光移动到厨房门的位置（图17-60）。

11. 再次渲染场景查看效果（图17-61）。

图17-59　渲染场景效果（二）

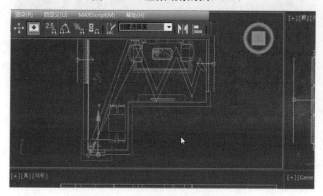

图17-60　捕捉厨房门创建VRay灯光

图17-61　渲染场景效果（三）

17.4　合并模型与精确材质

1. 打开主菜单栏，选择"导入"中的"合并"，进入"模型\第17章\模型"，将里面其余模型文件——合并进场景中（图17-62）。

2. 打开"材质编辑器"，使用"吸管"工具将材质——吸取，并将其材质贴图在"模型\第17章\"中找到，并将其重新赋予材质（图17-63）。

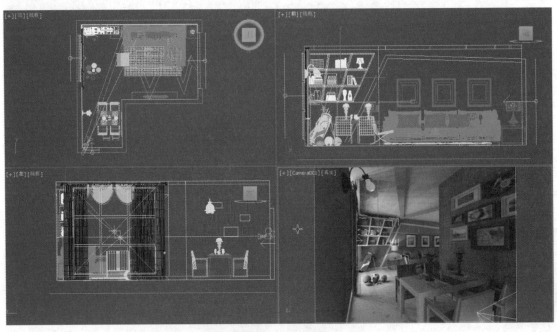

图17-62　合并模型

3. 将所有材质贴图都重新贴回位置后，重新渲染场景（图17-64）。

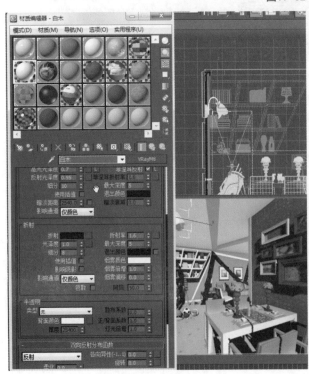

图17-63　查找材质

图17-64　渲染场景效果

17.5　最终渲染

1. 按"F10"键打开渲染设置面板，进入"公用"选项，锁定"图像纵横比"，将"输出大小"中的宽度与高度设为400和300（图17-65）。

2. 进入"V-Ray"选项，展开"全局开关"卷展栏，将"不渲染最终的图像"勾选，再展开"图像采样器"卷展栏，将"图像采样器"的"类型"设为"自适应细分"，打开"抗锯齿过滤器"，并设为"Mitchell-Netravali"（图17-66）。

3. 进入"间接照明"选项，展开"间接照明"卷展栏，将"二次反弹"中的"全局照明引擎"设为灯光缓存，展开"发光图"卷展栏，将"当前预置"设为高，"半球细分"设为50，"插值采样"设为30，并勾选"显示计算相位"与"显示直接光"（图17-67）。

图17-65　设置渲染（一）

图17-66　设置渲染（二）

图17-67　设置渲染（三）

4. 向下拖动，将"自动保存"与"切换到保存的贴图"勾选，并单击后面的"浏览"，将其保存在"模型\第17章\光子图"中，命名为1（图17-68）。

5. 展开"灯光缓存"卷展栏，勾选"显示计算相位"，将"自动保存"与"切换到被保存的缓存"勾选，并单击后面的"浏览"，将其保存在"模型\第17章\光子图"中，命名为2（图17-69）。

6. 进入"设置"选项，展开"DMC采样器"卷展栏，将"最小采样值"设为12，"噪波阈值"设为0.005（图17-70）。

图17-68　设置渲染（四）

图17-69　设置渲染（五）

图17-70　设置渲染（六）

7. 渲染场景，经过渲染后就会得到两张光子图（图17-71）。

8. 现在可以渲染最终图像了，按"F10"键打开"渲染设置"面板，进入"公用"选项，将"输出大小"的宽度和高度分别设为1600和1200，向下滑动单击"渲染输出"的"文件"按钮，将其保存在"模型\第17章"中，取名为"效果图"（图17-72）。

图17-71　渲染光子图

图17-72　设置渲染尺寸

9. 进入"V-ray"选项，将"全局开关"卷展栏中的"不渲染最终的图像"取消勾选，这是关键，如果不取消勾选，则无法渲染出图像（图17-73）。

10. 单击渲染，经过30min左右的渲染就可以得到一张高质量的效果图，并且会被保存在设置的保存图像的文件夹内，单击打开查看效果（图17-74）。

11. 由于本场景的效果有点偏暗，所以需要借助PhotoShopCS处理，主要调整明暗、对比度等，处理后的效果就比较清晰明快了（图17-75）。

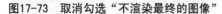

图17-73　取消勾选"不渲染最终的图像"

图17-74　最终的效果图渲染完毕

图17-75　效果图后期处理完毕

精华篇

第18章　卧室效果图实例制作

本章继续深入讲解装修效果图的模型创建与V-Ray的渲染方法，希望读者通过本章节的学习后，能熟练掌握装修效果图的制作方法。本章以家居卧室为主题，制作一张较复杂的卧室装修效果图。

18.1　建立墙体

难度等级
★★★★★

1. 在主菜单中选择"导入"，将"模型\第18章\CAD"中的"平面图.dwg"导入到场景中，在"导入选项"中勾选"重缩放"，其余参数保持不变（图18-1）。

2. 框选所有导入文件，在前视图中将其向下移动一定距离，在右键菜单中选择"冻结当前选择"（图18-2）。

图18-1　导入图纸文件

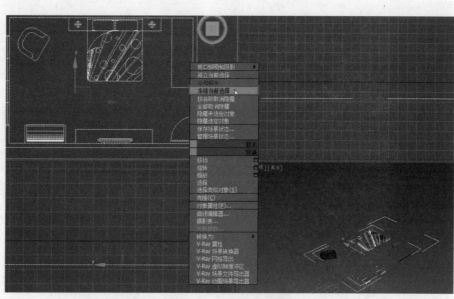

图18-2　移动并冻结图纸

3. 将"捕捉"工具转换为"2.5维捕捉"，创建线，同时在顶视图中捕捉内墙体，并将窗户与门两端给予分段点，闭合样条线（图18-3）。

特别提示

各种家居装修房间的模型创建比较简单，如果要制作套房或面积较大的室内空间，可以预先创建摄影机，在摄影机视线范围内制作精细的模型，而视线范围外可以大幅度省略，这样能提高效率。

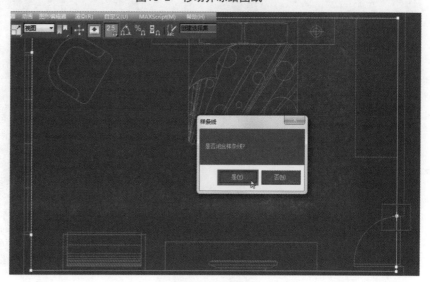

图18-3　创建线

4. 进入修改面板，为其添加"挤出"修改器，挤出"数量"设为2900（图18-4）。

5. 为其添加"法线"修改器，选择模型，击右键选择"对象属性"，在"对象属性"中勾选"背面消隐"（图18-5）。

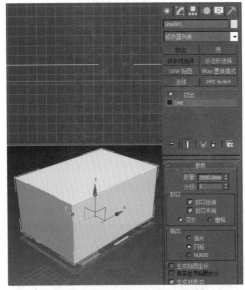

图18-4 添加"挤出"修改器　　　　图18-5 添加"法线"修改器并设置对象属性

6. 对模型击右键将其"转换为可编辑多边形"，并按"F4"键显示边框（图18-6）。

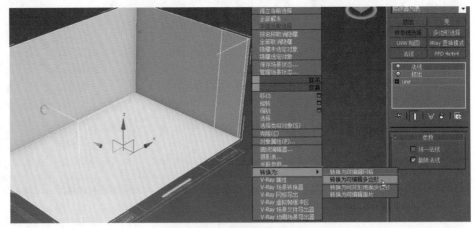

图18-6 转为可编辑多边形

7. 进入修改面板选择"边"层级，按"Alt键+鼠标滑轮"旋转透视图，按"Ctrl"键选择门的两条边，单击下面的"连接"按钮，在中间连接一条边（图18-7）。

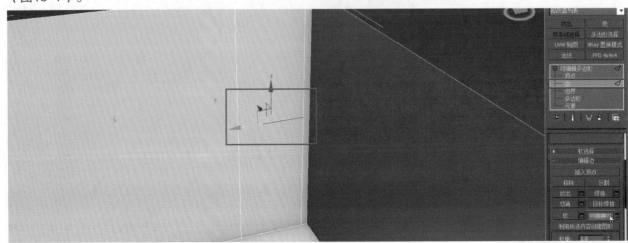

图18-7 连接边

8. 选择连接的线，切换到"移动"工具，在视图区下方的坐标轴中，将"Z"轴坐标设为2100（图18-8）。

9. 切换到"多边形"层级，勾选"忽略背面"，进入门的"多边形"层级，单击"挤出"后的小按钮，将其挤出–120，按"Delete"键删除（图18-9）。

图18-8 设置Z轴坐标参数

图18-9 挤出面并删除

10. 旋转视图到客厅的门，切换到"边"层级，按"Ctrl"键选择门左右两侧的边，单击下面的"连接"按钮，在中间连接一条边，并将视图区下方的"Z"轴的坐标设为2400（图18-10）。

11. 切换到"多边形"层级，选择门的多边形，单击"挤出"后的小按钮，将其挤出–120，按"Delete"键删除（图18-11）。在本书中，对于开设门、窗洞口的方法基本如此，这是目前在3ds Max 2013中最简单、精确、快速的方法，其后就不再重复这类方法了，可以根据需要参考这种方法制作更多样的门、窗洞口。

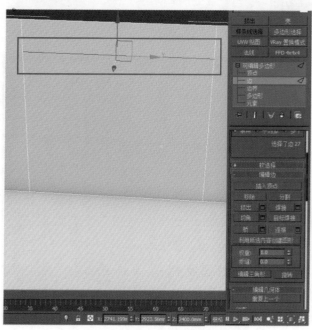

图18-10 连接边并设置Z轴坐标参数

图18-11 挤出客厅的门面并删除

12. 分别选择地面与顶面，将地面与顶面分离，并分别命名为"地面"与"天花"（图18-12）。

13. 进入顶视图，打开"捕捉"工具，捕捉内墙体的4个角，闭合样条线（图18-13）。

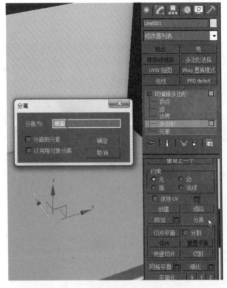

图18-12 分离地面与顶面并命名

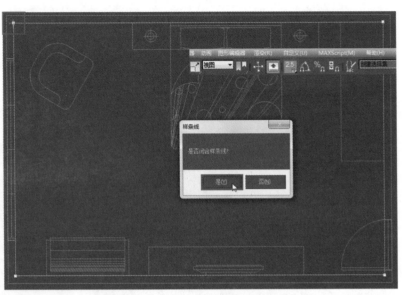

图18-13 创建线

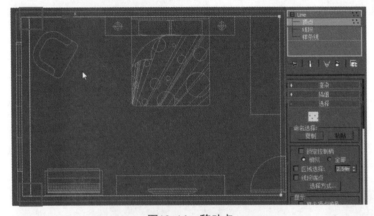

图18-14 移动点

14. 进入修改面板，展开"Line"，进入"顶点"级别，将左边的两个顶点选择，向右移动留出窗帘的部分（图18-14）。

15. 进入创建面板，在刚创建的线框内创建一个矩形，将长度设为3000，宽度设为3400（图18-15）。

16. 重新选择创建的线，退回到"Line"级别，单击下面的"附加"按钮，选择创建的矩形（图18-16）。

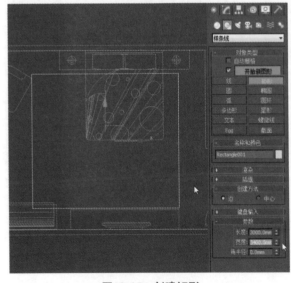

图18-15 创建矩形

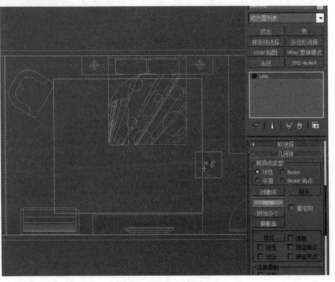

图18-16 附加矩形

17. 右击结束创建，为其添加"挤出"修改器，挤出"数量"设为100，并在视图区下方的"Z"轴坐标中输入2600（图18-17）。

18. 继续进入创建面板，创建线，打开"捕捉"工具，在顶视图中，从门的下部到窗户的下角顺时针创建一条线（图18-18）。

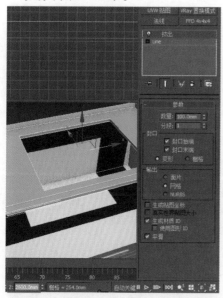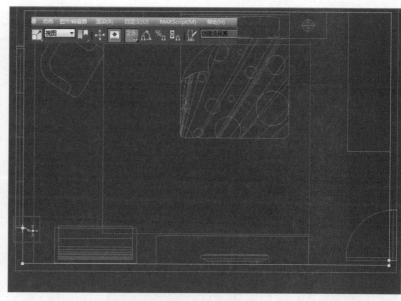

图18-17 添加"挤出"修改器并移动模型　　图18-18 创建线

19. 右击结束创建，进入修改面板，展开"Line"，进入"样条线"级别，在下面的"轮廓"中输入-20，添加"挤出"修改器，将挤出"数量"设为100（图18-19）。

20. 继续进入创建面板创建线，打开"捕捉工具"，在顶视图中，从窗的上方到门的上方顺时针创建一条线（图18-20）。

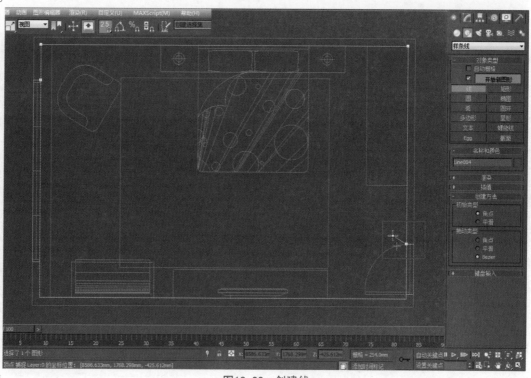

图18-19 设置轮廓
　　参数并添加
"挤出"修改器　　　　　　　　　图18-20 创建线

21. 单击右键结束创建，进入修改面板，展开"Line"，进入"样条线"级别，在下面的"轮廓"中输入 -20，添加"挤出"修改器，将挤出"数量"设为100（图18-21）。

22. 打开主菜单，选择导入的合并，将"模型\第18章\模型"中的"推拉门.max"文件导入到场景中（图 18-22）。

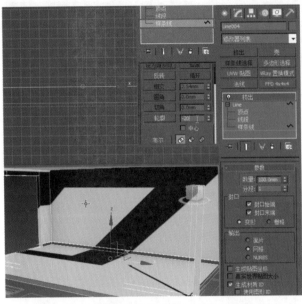

图18-22 合并模型

23. 在"合并"面板中，选择"全部"，取消勾选"灯光"与"摄影机"，单击"确定"完成合并（图 18-23）。

图18-21 设置轮廓参数并添加"挤出"修改器

图18-23 设置合并

18.2 设置摄影机与初步材质

难度等级
★★★★★

1. 在创建面板选择摄影机，在顶视图中创建一个"目标"摄影机，击右键结束创建（图18-24）。

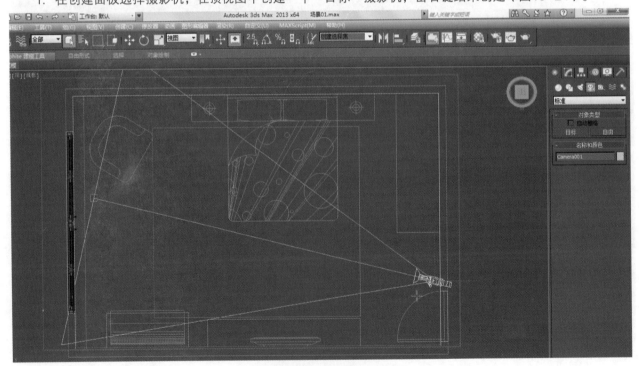

图18-24 创建摄影机

2. 在顶视图选择摄影机的中线，单击右键切换到前视图中，使用"移动"工具将其向上移动（图18-25）。

3. 单击摄影机，进入修改面板，并将透视图改为摄影机视图，在修改面板的"备用镜头"中选择"20mm"的备用镜头（图18-26）。

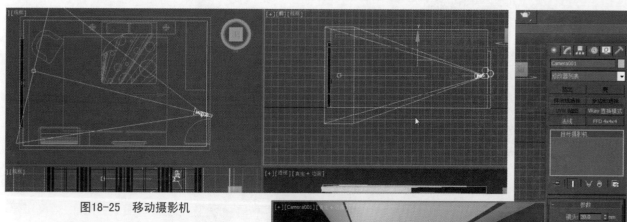

图18-25 移动摄影机

4. 选择墙体，打开"材质编辑器"，选择第1个材质球命名为"墙面"，将其转换为"VRayMtl"材质，在材质"漫反射贴图"按钮上拖入一张墙纸贴图，然后赋予墙体材质（图18-27）。

5. 单击视口中"显示明暗处理材质"，然后给墙体添加"UVW贴图"修改器，将贴图类型设为"长方体"，并将长度、宽度、高度都设为1000（图18-28）。

图18-26 选择摄影机镜头

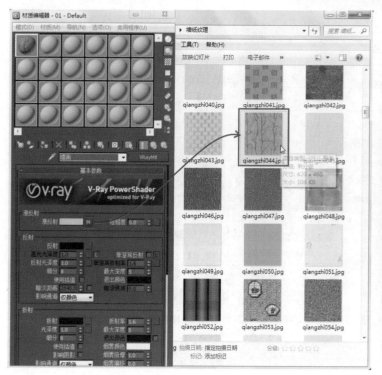

图18-27 设置墙面材质（一）

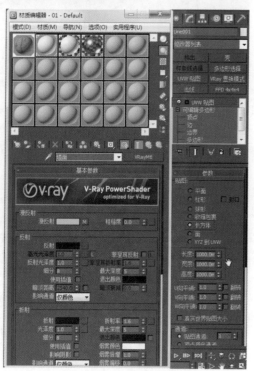

图18-28 设置墙面材质（二）

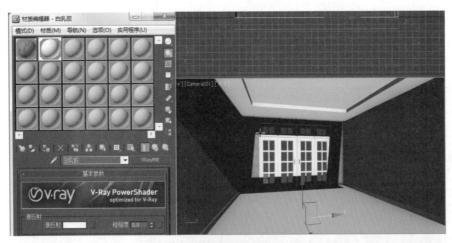

图18-29　设置顶面与吊顶材质

图18-30　设置线框材质

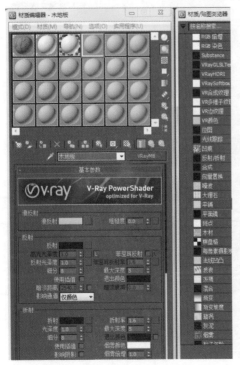

图18-31　设置木地板材质（一）

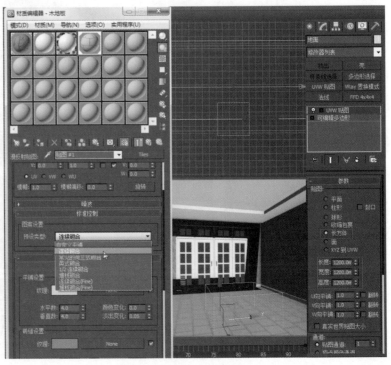

图18-32　设置木地板材质（二）

6. 选择第二个材质球命名为"白乳胶"，将其转换为"VRayMtl"材质，将"漫反射"颜色调整为白色，将其赋予顶面与吊顶（图18-29）。

7. 选择第三个材质球，在材质库中调用"白木"材质，并将其赋予两侧的踢脚线（图18-30）。

8. 选择第四个材质球命名为"木地板"，将其转换为"VRayMtl"材质，单击"漫反射贴图"按钮，选择"平铺"（图18-31）。

9. 将"图案设置"中的"预设类型"设为"连续砌合"，将材质赋予地面并在视口显示贴图，为地面添加"UVW贴图"修改器，选择"长方体"贴图，将长度、宽度、高度都设为1200（图18-32）。

10. 在"材质编辑器"中,展开"高级控制"卷展栏,在"平铺设置"中将"水平数"设为1,"垂直数"设为6,并单击"纹理"后面的"None"长按钮,选择面"位图"(图18-33)。

11. 将一张木材的贴图拖入位图位置,单击视口中"显示明暗处理材质",返回"父对象",在"砖缝设置"中将"纹理"颜色加深,将"水平间距"与"垂直间距"设为0.1(图18-34)。

12. 继续返回"父对象",关闭"基本参数"卷展栏,展开"贴图卷展栏",将"漫反射贴图"拖到"凹凸贴图"位置,选择"复制"(图18-35)。

13. 单击"凹凸"后的长按钮,单击进入"凹凸贴图",再次单击"位图参数"卷展栏中的长按钮进入,在"高级控制"卷展栏中将"平铺设置"的"纹理"贴图单击右键选择"清除",并将其"纹理颜色"设为白色,再将下面"砖缝设置"中的"纹理颜色"设为黑色(图18-36)。

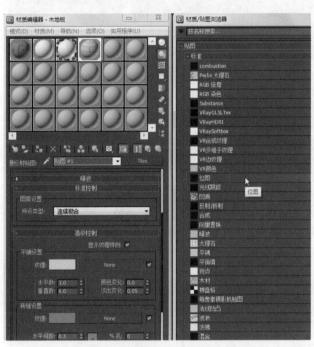

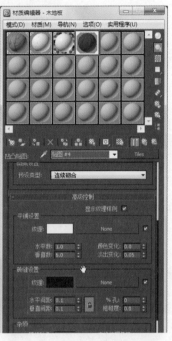

图18-33 设置木地板材质(三)　　　　图18-34 设置木地板材质(四)

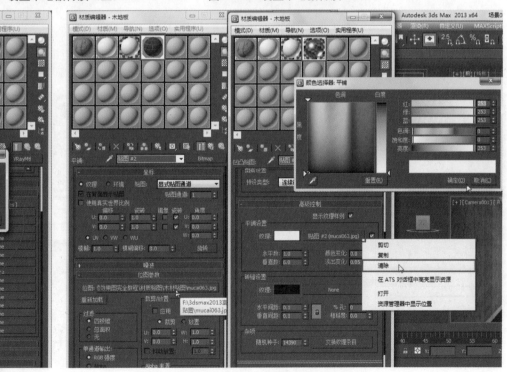

图18-35 设置木地板材质(五)　　　　图18-36 设置木地板材质(六)

材质编辑器功能强大，且运用起来很复杂，其中"漫反射"后的贴图按钮运用最多。操作时要理清层级关系，进入下一级贴图设置面板时，要时刻牢记所在的层级，否则容易混淆贴图，影响材质的最终表现效果。如果担心遗忘，可以尝试点击转到"父对象"按钮，帮助自己找准位置。或用纸笔记录下来，以便随时查找。

14. 转到"父对象"层级，展开"基本参数"卷展栏，将"反射颜色"设为59，"高光光泽度"设为0.66，"反射光泽度"设为0.9，"细分"设为12，双击"材质球"图标可以放大查看材质效果（图18-37）。

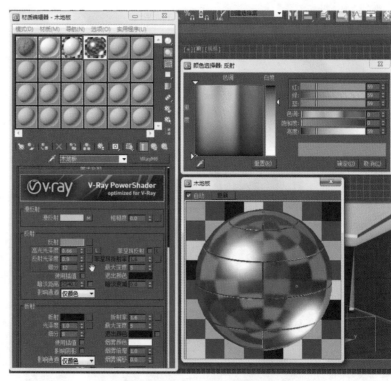

图18-37 设置木地板材质（七）

18.3 设置灯光与渲染参数

难度等级 ★★★★☆

1. 进入创建面板，选择"VR灯光"，在左视图中创建一个VR灯光，灯光尺寸大小可以根据实际门窗尺寸来定，只要比推拉门面积稍大即可（图18-38）。

2. 进入顶视图，使用"移动"工具，关闭"捕捉"，将灯光移动到窗口外部的位置，进入修改面板，将"倍增"值设为7，"颜色"设为浅绿色，取消勾选"影响高光反射"与"影响反射"，"细分"值设为20（图18-39）。

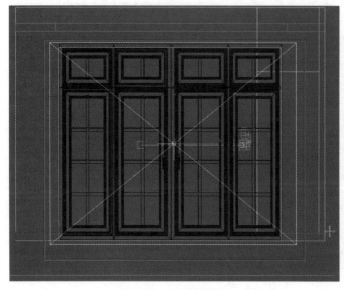

图18-38 创建VR灯光

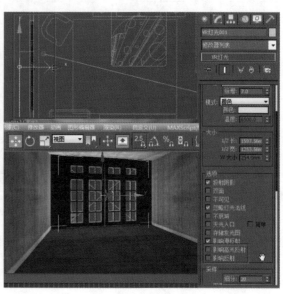

图18-39 设置VR灯光

3. 按"F10"键，进入"渲染设置"面板，在"公用"选项中，将"输出大小"设为640×480，进入"V-Ray"选项，在"图像采样器"卷展栏中将"类型"设为"固定"，打开"抗锯齿过滤器"并设为"区域"（图18-40）。

4. 在"V-Ray"选项中，展开"环境"卷展栏，将"全局照明环境（天光）覆盖"打开，"倍增"值设为7，展开下面的"颜色贴图"卷展栏，"类型"设为"线性倍增"，"暗色倍增"值设为1.2，"亮度倍增"设为1.2（图18-41）。

5. 进入"间接照明"选项，将"间接照明"卷展栏打开，并将"二次反弹"的"倍增"值设为0.9，展开"发光图"卷展栏，将"当前预置"设为"自定义"，在"基本参数"中将"最小比率"设为-6，"最大比率"设为-5，"半球细分"与"插值采样"都设为30，并勾选"显示计算相位"与"显示直接光"（图18-42）。

图18-40　设置渲染尺寸与图像采样器

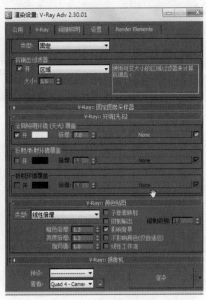

图18-41　设置环境

图18-42　设置间接照明与发光图

6. 进入"设置"选项，展开"系统"卷展栏，勾选"帧标记"，删除前段文字，只保留"render time：% render time"（渲染时间），并取消勾选"显示窗口"，设置完成后，单击"渲染按钮"（图18-43）。

7. 完成以上操作计算机即可渲染出场景，可以查看目前的渲染效果，可以根据设计要求进一步设置灯光（图18-44）。

图18-43　设置默认置换

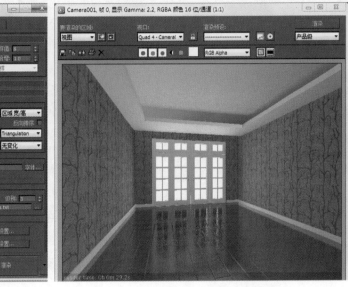

图18-44　渲染场景效果

8. 在左视图中使用"捕捉"工具，在门的位置捕捉创建一个VR灯光，将其"大小"设成1/2长为400，1/2宽为1050（图18-45）。

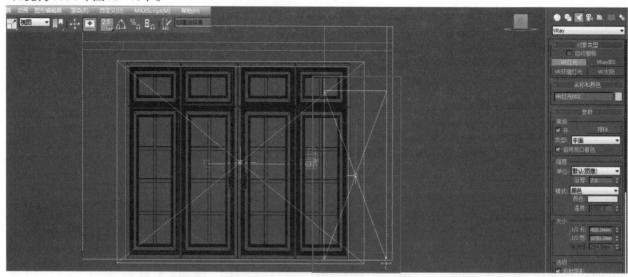

图18-45　创建VR灯光

9. 关闭"捕捉"工具，在顶视图将该灯光移动到门口，并将其在"X"轴镜像，进入修改面板勾选"不可见"，将被"倍增"值设为5（图18-46）。

10. 最大化前视图，在天花板与吊顶之间创建VR灯光（图18-47）。

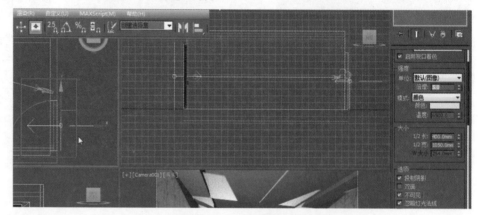

图18-46　移动并镜像VR灯光

图18-47　创建VR灯光

11. 在顶视图移动到吊顶内,进入修改面板,将"倍增"值设为3,"颜色"设为浅黄色(图18-48)。

12. 将该灯光复制到其余4个位置,适当调节方向与大小(图18-49)。

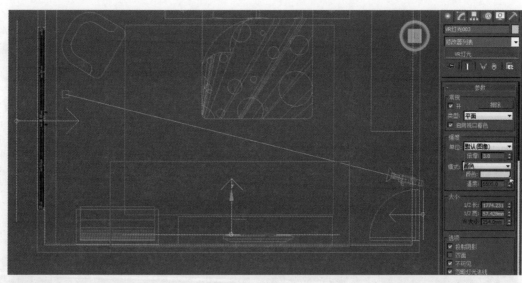

图18-48 设置VR灯光

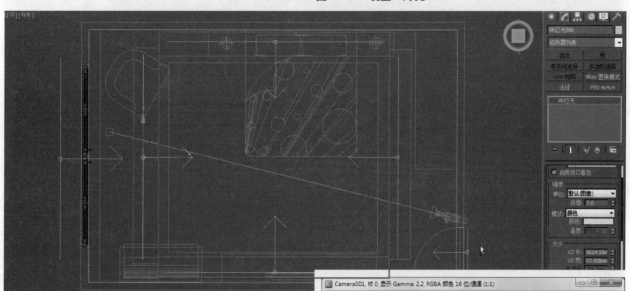

图18-49 复制灯光

13. 在摄影机视图显示安全框,观察渲染场景效果(图18-50)。

特别提示

在制作装修效果图过程中,每次试渲染都要解决一些问题,不能盲目渲染,初学者习惯经常渲染,甚至每做一步就试渲染一遍,使正常操作中断,耽误大量时间。

一般在制作过程中可以根据模型的复杂程度分几个步骤渲染,每次渲染都要修整错误或不良设置,对于修正过的部位可以用笔记录下来,以免下一次渲染时遗忘。每次渲染后,主要关注模型比例、材质贴图、光影关系等三方面细节,及时调整错误。

图18-50 渲染场景效果

14. 进入创建面板创建灯光，选择"光度学"中的"自由灯光"，在顶视图中创建一个自由灯光（图18-51）。

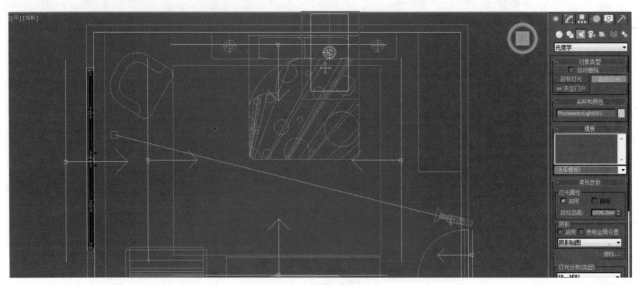

图18-51　创建自由灯光

15. 在前视图中将其移动到天花板下面，进入修改面板，在"阴影"中勾选"启用"，并在下拉列表框中将其设为"VRay阴影"（图18-52）。

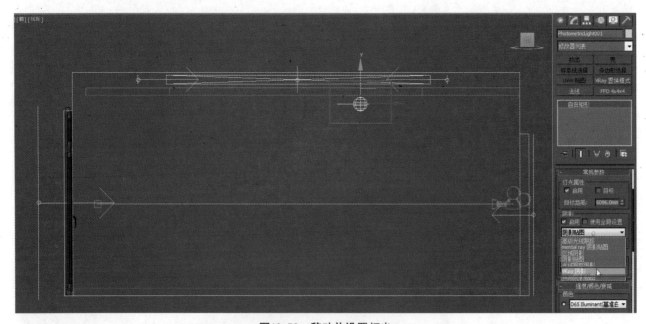

图18-52　移动并设置灯光

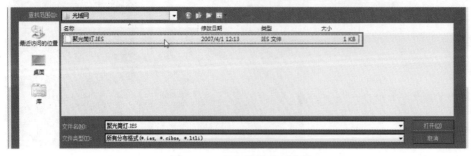

图18-53　导入聚光筒灯文件

16. 将"灯光分布类型"转为"光度学Web"，单击下面的"光度学"文件，在"模型\第18章\光域网"中选择"聚光筒灯.IES"（图18-53）。

精华篇

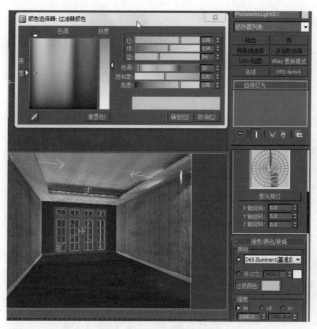

图18-54 设置灯光颜色

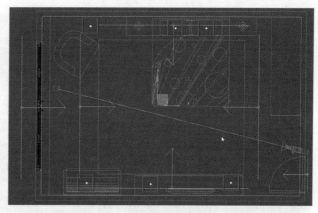

图18-55 复制灯光

17. 向下拖动控制面板,将"过滤颜色"改为红178、绿134、蓝94,"强度"选择"lm","大小"设为3500(图18-54)。

18. 最大化顶视图,将灯光复制5个,并分别将其移动至不同位置(图18-55)。

19. 观察渲染场景效果,这时可以看到,墙面与地面上呈现出灯光照射效果,且光影形态比较真实,这就是"光度学"文件所起到的作用(图18-56)。

图18-56 渲染场景效果

18.4 合并模型与精确材质

难度等级
★★★☆☆

1. 打开主菜单栏,选择"导入"中的"合并",进入"模型\第18章\模型",将里面的其余的模型文件一一合并进场景中,合并时要注意摆放的位置,控制好模型与房间的关系,通过缩放来调控模型的比例,全部合并后再查看全局效果,对于较空的部位可以根据需要适当增加陈设饰品模型(图18-57)。

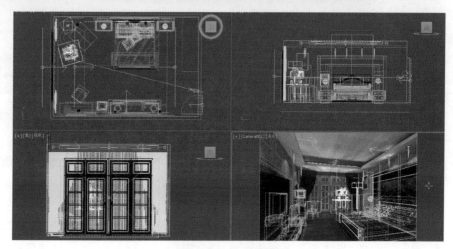

图18-57 合并模型

图18-58　设置模型属性

图18-59　查找材质

2. 由于场景中的模型过于复杂，所以，用边框显示出来的，要将其还原就选择模型，单击右键打开"对象属性"，将"显示属性"设为"按对象"（图18-58）。

3. 由于场景贴图路径发生错误，场景中的很多贴图都不能显示，打开"材质编辑器"，选择空材质球，使用吸管工具吸取没有材质贴图的模型，并在"模型\第18章\模型\归档"中，按名称找到其贴图，将其拖入位图处，使用此方法依次处理所有材质贴图（图18-59）。

4. 将所有的材质贴图路径都更改完毕后，进行渲染，观察效果（图18-60）。

图18-60　渲染场景效果

18.5　最终渲染

难度等级
★★★★☆

1. 按"F10"键打开"渲染设置"面板，进入"公用"选项，锁定"图像纵横比"，将"输出大小"设为宽度和高度分别为400和300（图18-61）。

2. 进入"V-Ray"选项，展开"全局开关"卷展栏，将"不渲染最终的图像"勾选，展开"图像采样器"卷展栏，将"图像采样器"的"类型"设为"自适应细分"，"抗锯齿过滤器"设为"Mitchell-Netravali"（图18-62）。

3. 进入"间接照明"选项，展开"间接照明"卷展栏，将"二次反弹"中"全局照明引擎"设为"灯光缓存"，展开"发光图"卷展栏，将"当前预置"设为"高"，"半球细分"设为50，"插值采样"设为

30（图18-63）。

图18-61 设置渲染（一）

图18-62 设置渲染（二）

图18-63 设置渲染（三）

4. 向下拖动，将"自动保存"与"切换到保存的贴图"勾选，并单击后面的"浏览"，将其保存在"模型\第18章\光子图"中，命名为1（图18-64）。

5. 展开"灯光缓存"卷展栏，勾选"显示计算相位"，将"自动保存"与"切换到被保存的缓存"勾选，并单击后面的"浏览"，将其保存在"模型\第18章\光子图"中，命名为2（图18-65）。

6. 进入设置面板，展开"DMC采样器"卷展栏，将"最小采样值"设为12，"噪波阈值"设为0.005，去除勾选"显示窗口"（图18-66）。

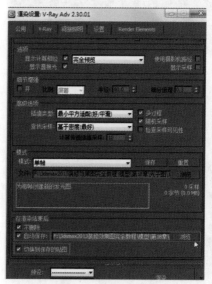

图18-64 设置渲染（四）

图18-65 设置渲染（五）

图18-66 设置渲染（六）

最终渲染的设置细节较多，本书主要将其分为6个步骤，这6个步骤是固定的方法，初学者可以将本页复印下来，粘贴在计算机旁的墙上，对照自己制作的效果图，随时查阅，待熟练后即可独立操作。

如果空闲时间较多，可以将"渲染设置"面板中的诸多细节参数，逐个设置后试着渲染，深入了解渲染的操作方法，能快速提高效果图制作水平。

特别提示

图18-67 渲染光子图

7. 渲染场景，经过渲染后就会得到两张光子图（图18-67）。

8. 现在可以渲染最终图像了，按"F10"键打开"渲染设置"面板，进入"公用"选项，将"输出大小"设为宽度与高度分别为1600和1200，向下滑动，单击"渲染输出"的"文件"按钮，将其保存在"模型\第18章"中，取名为"效果图"（图18-68）。

9. 进入"V-ray"选项，将"全局开关"卷展栏中的"不渲染最终的图像"取消勾选，这个是关键，否则不会渲染出图像，单击"渲染"按钮（图18-69）。

10. 经过30min左右的渲染就可以得到一张高质量效果图，并且会被保存在预先设置的文件夹内，可以打开查看效果（图18-70）。

11. 最后，可以根据渲染的实际效果作进一步调整，可以借助PhotoshopCS等软件进行处理，主要调整明暗、对比度等，处理后的效果就比较清晰明快了，能满足市场对商业效果图的应用要求（图18-71）。

图18-68 设置渲染尺寸

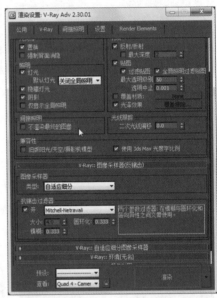

图18-69 取消勾选"不渲染最终的图像"

图18-70 最终效果图渲染完毕

图18-71 效果图后期处理完毕

精华篇

第19章 装修效果图后期修饰

在前面章节已经见过PhotoshopCS处理的效果图，从这些效果图中不难看出，经过PhotoshopCS处理后，效果图可以变得更加明快，对比度会更加强烈，效果也更清晰，还可以在场景中添加植物与装饰品，本章将详细介绍PhotoshopCS修饰装修效果图的方法。

19.1 后期修饰基础

难度等级
★★★☆☆

19.1.1 认识PhotoshopCS6

PhotoshopCS6是Adobe公司出品的较新版本的Photoshop软件，PhotoshopCS6相对以往版本，在界面上变化较大，添加了一些新功能，在操作上方便了许多，下面就介绍PhotoshopCS6的基础知识。

1. 打开PhotoshopCS6软件，在界面最顶部即是菜单栏，其中包括文件、编辑、图像、图层、文字、选择、滤镜、视图、窗口、帮助等菜单按钮。菜单栏下方是属性栏，能显示当前使用的工具属性（图19-1）。

图19-1 菜单栏与属性栏

2. 界面左侧是工具栏，里面集合了常用工具，如果工具栏图标的右下角有小三角形符号，可以在图标上单击右键，会出现若干复选工具（图19-2）。

3. 界面右侧是操作面板，这里有各种面板可以对场景作不同调整，单击"小箭头"按钮就可以展开面板，再单击就会关闭（图19-3）。

4. 在菜单栏的"文件"中选择"打开"，打开"书房效果图"（图19-4）。

图19-2 工具栏　　　　图19-3 操作面板

图19-4 打开"书房效果图"

5. 在效果图后期修饰中，最常用的三个命令，分别是"亮度/对比度""色阶"与"色相/饱和度"，单击菜单栏"图像"中的"调整"可以打开这些命令（图19-5）。

6. 使用"亮度/对比度"命令，可以修改图像的亮度与对比度，一般用来调整效果图的明暗关系（图19-6）。

7. 使用"色阶"命令，可以单独修改图像中红、黄、蓝等色彩的倾向，一般用来校正效果图的偏色问题（图19-7）。

8. 使用"色相/饱和度"命令，可以修改图像的色彩面貌、色彩鲜艳程度等，一般用于加强效果图的鲜艳度（图19-8）。

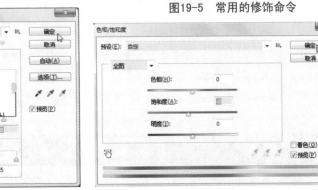

图19-5　常用的修饰命令

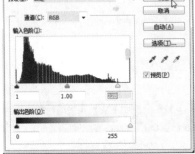

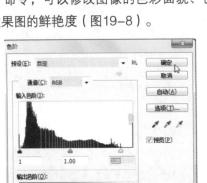

图19-6　"亮度/对比度"命令　　　　图19-7　"色阶"命令　　　　图19-8　"色相/饱和度"命令

9. 在"历史记录"中可以回到上一步的操作，也可以对比操作前后的效果（图19-9）。

10. 使用"高斯模糊"命令，可以让效果图中的某一部分或某些部分产生模糊效果，可以处理窗外背景（图19-10）。

11. 使用"锐化"工具，可以让效果图中的物体更加清晰（图19-11）。

12. 使用"文字"工具，可以在效果图中添加文字说明（图19-12）。

13. 使用"移动"工具，可以合成如饰品、器物图片，能提升图面效果（图19-13）。

14. 使用"裁剪"工具，可以截取所需要的部分图像（图19-14）。

图19-9　历史记录

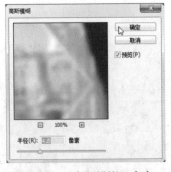

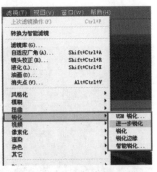

图19-10　"高斯模糊"命令　　　　图19-11　"锐化"工具

图19-12　输入文字　　　　　　　　图19-13　合成图像

图19-14　裁剪图像

19.1.2　效果图格式

保存效果图时，软件中有PSD、BMP、JPG、TIFF等多种格式供使用者选择，每种格式都有不同的用途与特点，因此要熟悉每种格式。在"菜单栏"的"文件"中单击"储存为"，打开"储存为"面板，单击"格式"后的下拉列表框，可以查看PhotoshopCS所支持的文件格式（图19-15）。

1. PSD格式。是Photoshop图像处理软件的专用文件格式，支持图层、通道、蒙版、不同色彩模式等图像特征，是一种非压缩的原始文件保存格式。PSD格式文件容量比较大，可以保留所有原始信息，在效果图修饰过程中，对于不能及时制作完成的效果图，选用PSD格式保存是最佳的选择。关闭PSD格式效果图后，再次打开它，在控制面板中依然会保存原有图层，但PSD格式的文件不能被其他图像处理软件打开。

2. BMP格式。是一种与硬件设备无关的图像文件格式，使用非常广，除了图像深度可选择外，不采用其他任何压缩技术。因此，BMP文件所占用的空间很大。由于BMP文件格式是Windows环境中交换与图像数据的一种标准，因此在Windows环境下运行的图形图像软件都支持BMP图像格式，可以随时打开查看。在PhotoshopCS6中虽然能打开BMP格式的图片文件，但是在图层面板中却不能保留图层，它的容量只有上述PSD格式的50%左右。

3. JPEG格式。是目前网络上最流行的图像格式，是可以将图像文件压缩到最小容量的格式，应用非常广泛，特别是在网络与光盘读物上应用很多。目前，各类浏览器与图像查看软件均支持JPEG这种图像格式，因为JPEG格式的文件尺寸较小，下载速度快。在PhotoshopCS6中打开JPEG格式的图片文件，在图层面板中没有图层，但是它的容量是最小的，只有PSD格式的10%左右，可以采用

图19-15　常见图像格式

其他图像软件打开查看，还可以通过网络上传。

4. TIFF格式。是由Aldus与Microsoft公司为桌上出版系统研制开发的一种较为通用的图像文件格式，在PhotoshopCS6中打开TIFF格式的图片文件，它依然会保存图层，但是容量往往会大于PSD格式，但是它能在其他图像软件中查看。

19.1.3 修改图像尺寸

如果在3ds Max 2013中渲染的效果图过小，希望能满足大幅面打印要求，可以在PhotoshopCS6中修改。

1. 打开"书房效果图.PSD"文件，在菜单栏的"图像"中选择"图像大小"（图19-16）。

2. 在"图像大小"面板中，在"像素大小"的"宽度"与"高度"中可以设置图像大小，默认为图像的原大小，在右侧下拉列表框中是"单位"，默认为"像素"，可切换为"百分比"（图19-17）。

3. 在"文档大小"的"宽度"与"高度"中同样可以调整图像大小，而且它与上面的"像素大小"互为绑定，改变下面的数值，上面的"像素大小"也会发生相应变化，相反亦如此，在右侧的下拉列表框中可以选择不同"单位"（图19-18）。

图19-16 选择"图像大小"

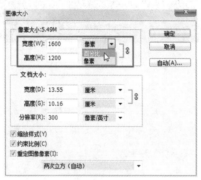
图19-17 设置图像大小（一）

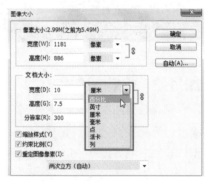
图19-18 设置图像大小（二）

4. "文档大小"中最重要的是"分辨率"，"分辨率"数值越高，图像就越大越清晰，容量也很大，相反数值越低，图像就越小越模糊，容量也很小。用于网络传播的效果图，"分辨率"设定应不低于72像素/英寸（dpi）；用于草图打印的效果图，"分辨率"设定应不低于150像素/英寸（dpi）；用于高精度打印的效果图，"分辨率"设定应不低于300像素/英寸（dpi）（图19-19）。

5. 最后有三个复选框，"缩放样式"能在调整图像大小时将图像按比例缩放，"约束比例"能限制图片的长宽比，"重定图像像素"能固定图像的像素大小（图19-20）。勾选"重定图像像素"能开启最下方的下拉列表框，这里可以切换"缩放方式"，提供了6种方式，一般使用默认"两次立方（自动）"即可（图19-21）。

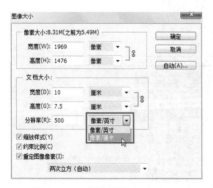
图19-19 设置图像大小（三）

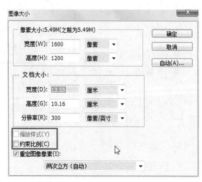
图19-20 设置图像大小（四）

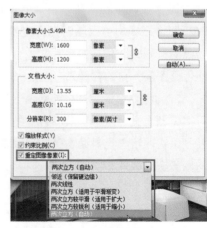
图19-21 设置图像大小（五）

19.2 后期修饰方法

难度等级
★★★★☆

精华篇

本节将逐步介绍效果图的后期修饰方法，后期修饰方法很多，要根据效果图渲染的实际情况来制定修饰方案，在渲染中无法获得的效果都可以经过后期修饰来实现，使效果图变得完美。

19.2.1 亮度/对比度调整

1. 打开"模型\第17章\效果图"，在图层面板中，将背景图层向下拖动至"创建新图层"按钮上，完成之后将会在"背景"图层上复制一个新图层，这样即使在后期操作时出现了错误，也不会破坏原图层，删除新图层就能快速恢复（图19-22）。

2. 选择"背景副本图层"，在菜单栏"图像"的"调整"中选择"亮度/对比度"（图19-23）。

3. 在"亮度/对比度"中调节两个滑块，"亮度"与"对比度"值向左或向右都不宜超过其最大值的30%，因为这个过程会损失大量像素，所以这里将"亮度"设为50，"对比度"设为30（图19-24）。

4. 除了可以直接调整图层的"亮度/对比度"外，还可以使用"添加图层"的方法来调节整体"亮度/对比度"，在"历史记录"中将操作向上退一步（图19-25）。

图19-24 设置亮度/对比度

图19-22 复制新图层　　　　图19-23 选择"亮度/对比度"　　　　图19-25 向上退一步

5. 将图层面板上方的面板切换为"调整"面板，在"添加调整"中选择"亮度/对比度"，这时在"背景副本图层"之上会重新添加一个"亮度/对比度图层"，并且会在左侧弹出"亮度/对比度"的属性面板，可以在该面板中调节"亮度"与"对比度"参数（图19-26）。

19.2.2 色相/饱和度调整

1. 继续进行调节，在菜单栏"图像"的"调整"中选择"色相/饱和度"（图19-27）。

2. 在"色相/饱和度"面板中，"预设"可以选择不同的模板，系统提供了8种

图19-26 添加"亮度/对比度图层"

图19-27 选择"色相/饱和度"

"预设模板"（图19-28）。

3. 将"预设"保持为"默认值"，在下拉列表框中可以选择不同颜色单独进行调节（图19-29）。

4. 色相，可以改变图片整体颜色，滑动"色相"的滑块，可以让图片产生不同效果，如果使用鼠标在图片上任意位置单击，可以吸取一种颜色，再调整色相时，就能改变这种颜色（图19-30）。

5. 饱和度，可以让图片的颜色更艳丽或变成黑白，向左滑动滑块是去色，向右滑动滑块是增色（图19-31）。

6. 明度，可以让图片整体变亮或变暗，但是没有明暗对比的效果，可以制作夜晚与雾霾特效（图19-32）。

7. 除了可以直接调整图层的"色相/饱和度"外，还可以使用"添加图层"的方法调节效果图的"色相/饱和度"，在"调整"中选择"色相/饱和度"，将"饱和度"值设为+6，这时，效果图会变得比较鲜艳，如果对调整不满意，可以随时删除"色相/饱和度"图层，即可恢复原貌（图19-33）。

图19-28　打开预设模板

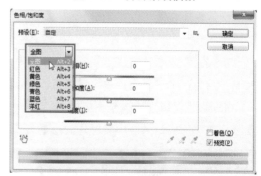

图19-29　选择颜色调节

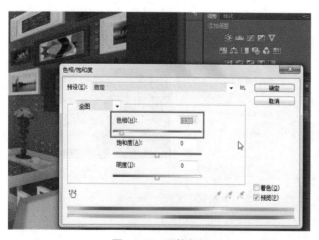

图19-30　调整色相

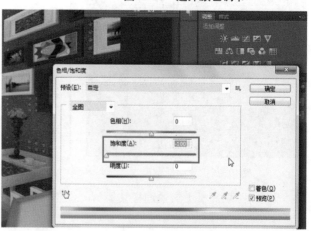

图19-31　调整饱和度

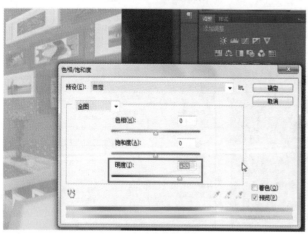

图19-32　调整明度

图19-33　添加色相/饱和度图层

19.2.3　指定色彩调整

1. 在菜单栏"图像"的"调整"中选择"通道混合器"（图19-34）。

2. 在"通道混合器"面板中，"预设"可以选择不同模板，在下拉列表框中有6种黑白的"预设类型"可供选择（图19-35）。

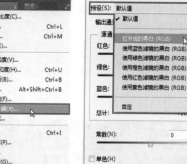

图19-34　选择"通道混合器"　　　图19-35　选择预设模板

3. "输出通道"中有三种不同的"通道"可供选择，分别是红、绿、蓝，不同的通道会产生不同的效果（图19-36）。

4. "源通道"中也有三种颜色可供调节，这个调节变化取决于上面的通道选择，而且当"总计"为+100%时，图片的光线与对比度才会处于正常状态，只发生颜色变化（图19-37）。

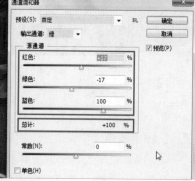

图19-36　选择输出通道　　　　　　　图19-37　调节源通道

5. 常数，是既影响明暗又影响颜色的值，很难控制，一般不调节（图19-38）。

6. "单色"选项，如果勾选，图像会变成黑白，希望还原就直接将"预设"改为"默认值"（图19-39）。

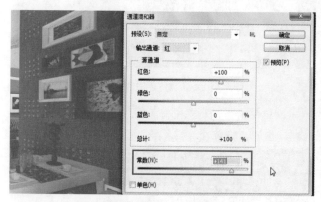
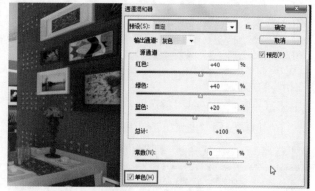

图19-38　调节常数　　　　　　　　　图19-39　勾选单色

在PhotoshopCS中调整效果图色彩时要注意，最好一次调整到位，不宜反复调整，每次单击"确定"后，计算机的调整命令即生效，效果图中的色彩像素会发生缩减。例如，提高效果图对比度，计算机会自动间隔1～3个像素删除1个原始像素，填充1个模拟像素，从而达到强化对比的效果，类似操作过多会损失效果图中的大量原始像素，造成层次单一，虽然对比度达到了要求，但是效果会更平淡。如果对色彩调节把握不定，可以选择用"添加调节图层"的方式，只不过增加的图层必须使用PSD格式保存，才能在日后继续修改。

特别提示

精华篇

7. "通道混合器"也可以采用"添加图层"的方法进行调整，在"调整"选项中单击"通道混合器"，可以在弹出的"属性"面板中调节各项参数（图19-40）。

19.2.4 仿制图章运用

1. 在"工具栏"中单击"缩放"工具，按住鼠标左键移动鼠标，将效果图中沙发上的装饰画放大（图19-41）。

图19-40 添加通道混合器图层

图19-41 放大效果图

2. 在"工具栏"中选择"仿制图章工具"，对"图章大小"应进行调节（图19-42）。

3. 在菜单栏的下方会出现"仿制图章"工具的选项栏，在"画笔预设"中选择画笔的"大小"与"硬度"，根据图像大小设置合适的数值（图19-43）。

4. 按住"Alt"键选取画旁的墙面，松开"Alt"键，单击鼠标左键进行涂抹（图19-44）。

图19-42 选择
仿制图章工具

图19-43 设置画笔并涂抹（一）

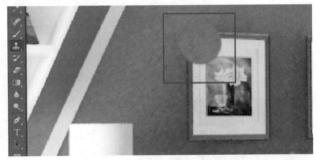

图19-44 设置画笔并涂抹（二）

5. 不断使用"Alt"键选取画旁边的墙面，然后进行填涂，直至将整幅画全部涂抹完毕（图19-45）。

6. 继续使用"图章"工具将"画笔硬度"设为最低，继续选取，将墙面涂抹平整（图19-46）。

图19-45 设置画笔并涂抹（三）

图19-46 设置画笔并涂抹（四）

19.2.5 锐化与模糊

1. 使用"矩形框选"工具，框选效果图中的远景部分（图19-47）。

2. 在"工具栏"中选择"模糊"工具，可将效果图的局部进行模糊处理（图19-48）。

3. 将"画笔硬度"设为最低，"画笔大小"设为101像素，将框内远景的大部分面积进行模糊处理（图19-49）。

图19-47 框选远景图像

图19-48 选择"模糊"工具

图19-49 设置画笔并涂抹（一）

4. 将"画笔大小"设为42像素，处理效果图远景的细节，按"Ctrl+D"键取消选择，这时远景就产生了景深效果，（图19-50）。

5. 在工具栏中选择"锐化"工具，选择前景区域进行处理（图19-51）。

6. 将"画笔大小"设为127像素，"画笔硬度"设最低，"画笔强度"设为50%，对场景的餐桌部分进行锐化处理（图19-52）。

图19-50 设置画笔并涂抹（二）

图19-51 选择锐化工具 　　图19-52 设置画笔并涂抹（一）

精华篇

7. 将"画笔大小"调小至36像素，进一步处理细节，处理完成之后，效果图就会有出现明显的景深效果（图19-53）。

19.2.6 效果图裁剪

效果图的裁剪方法有两种，一种是使用工具栏中的"裁切"工具进行裁剪，另一种是使用菜单栏中"图像"的"裁剪"命令。

1. 在工具栏中选择"裁剪"工具，对图像进行裁剪（图19-54）。

2. 使用鼠标框选效果图中的一部分图像（图19-55）。

3. 将鼠标移动到选框外，这时可以旋转整个效果图，根据需要选择合适的方向即可（图19-56）。

4. 旋转后按"Enter"键完成裁剪（图19-57）。

图19-53　设置画笔并涂抹（二）

图19-54　选择"裁剪"工具

图19-55　框选效果图

图19-56　旋转效果图

图19-57　完成裁剪

图19-58　选择
"矩形选框工具"

图19-59　框选效果图

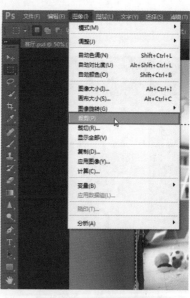

图19-60　选择"裁剪"

5. 在"历史记录"工具中进行"返回上一步"操作，并在"工具栏"中选择"矩形框选工具"（图19-58）。

6. 使用工具栏中的"矩形框选工具"，框选效果图中的部分图像（图19-59）。

7. 在菜单栏的"图像"中选择"裁剪"命令，效果图中被框选的图像部分就会被裁剪下来（图19-60）。

8. 裁剪完成后的效果如图19-61所示。

图19-61　完成裁剪

19.3　添加配饰与文字

难度等级
★★★★☆

渲染的效果图不可能总是那么完美，需要添加一些花草与配饰来增添气氛，可是图已经渲染完成了，这时就需要使用PhotoshopCS来解决这一问题。

19.3.1　添加配饰

1. 打开"模型\第17章\效果图"，使用上述方法先对场景进行处理，在菜单栏的"文件"中选择"打开"，选择配书光盘中"材质贴图\配饰贴图\108.PSD"（图19-62）。

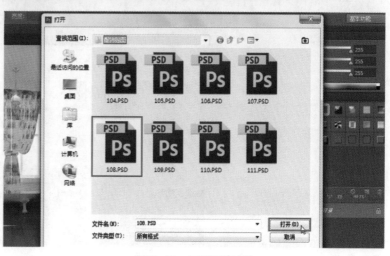

图19-62　打开配饰图片

2. 打开后，在图框上单击鼠标左键不放，将其向下移动，将图框退出最大化显示（图19-63）。

3. 选择"移动"工具，将这盆花拖至效果图中（图19-64）。

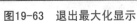

图19-63　退出最大化显示

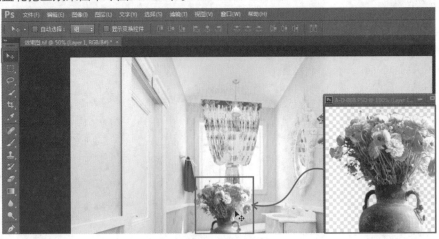

图19-64　移动图片

4. 按"Ctrl+T"键对其进行"自由变换"，点击上方"自由变换"属性栏中"保持长宽比"按钮，并控制右上角的控制点将这盆花缩小（图19-65）。

5. 按"Enter"键结束，将这盆花移动到梳妆台上，再次按"Ctrl+T"键对其进行"自由变换"，在上方"自由变换"属性栏中的"W"处输入-100%，将其左右翻转，按"Enter"键结束（图19-66）。

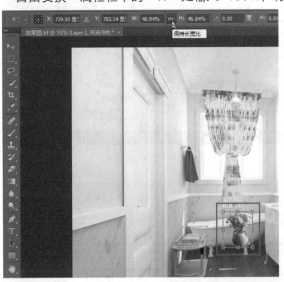

图19-65　缩小图片

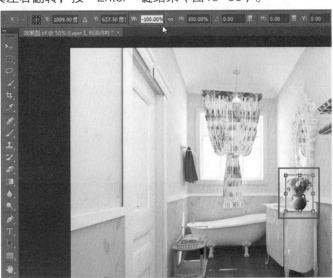

图19-66　左右翻转图片

6. 进入图层面板，将"Layer1"图层向下拖动到"创建新图层"按钮上复制（图19-67）。

7. 选择"Layer1"图层，按"Ctrl+T"键对其进行"自由变换"，移动盆花图片上"自由变换"选框中间的控制点将其向下翻转（图19-68）。

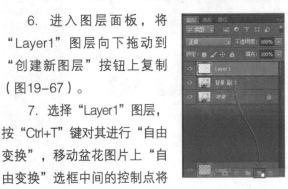

图19-67　复制图层

图19-68　向下翻转图片

8. 在菜单栏"编辑"的"变换"中选择"扭曲"（图19-69）。

9. 移动控制点对其进行变形，将其变形为花瓶投影的形状，完成后按"Enter"键结束（图19-70）。

10. 在图层面板中的"Layer1"图层的缩略图上面单击鼠标右键，选择"选择像素"（图19-71）。

图19-69　选择"扭曲"

图19-70　调整扭曲

图19-71　选择像素

11. 单击工具栏中的"设置前景色"，打开"拾色器"对话框，由于阴影在土黄色的墙纸上，所以将前景色选择为偏黑的土黄色（图19-72）。

12. 设置完前景色后，在菜单栏"编辑"中选择"填充"（图19-73）。

13. 弹出"填充"面板，将"使用"设置为"前景色"，其余保持不变，单击"确定"（图19-74）。

图19-72　选择前景色

图19-73　选择"填充"

图19-74　设置前景色

14. 在"图层"面板中将"不透明度"设为60%（图19-75）。

15. 在工具栏中选择"矩形框选工具"，在图中框选梳妆台侧面的阴影部分，按"Delete"键删除（图19-76）。

16. 按"Ctrl+D"键取消选择，选择"橡皮"工具，将"画笔"大小设为31像素，"画笔"硬度设为100%，"不透明度"设为40，"流量"设为19%（图19-77）。

图19-75　设置不透明度

图19-76　删除部分阴影

图19-77　设置画笔

17. 用调整好的"橡皮"工具对阴影进行处理，让远处的阴影变浅，让阴影变得更加真实（图19-78）。

18. 使用"模糊"工具对阴影作进一步模糊处理（图19-79）。

19. 进入图层面板，将"Layer1副本"图层向下拖动复制一个新的图层，并选择"Layer1副本"图层（图19-80）。

图19-78　修饰阴影

图19-79　模糊阴影

图19-80　复制图层

20. 按"Ctrl+T"键对其进行"自由变换"，移动盆花图片上"自由变换"选框中间的控制点将其向下翻转（图19-81）。

21. 按"Enter"键结束，使用"移动"工具，按"Ctrl+'+'"键放大图像，将两个瓶底相接（图19-82）。

22. 使用"矩形框选工具"，框选覆盖在梳妆台侧面的部分，按"Delete"键将其删除（图19-83）。

图19-81　向下翻转图片

图19-82　移动图片

图19-83　删除部分图片

23. 进入"图层"面板将"不透明度"设为50%，按"Ctrl+'-'"键缩小图像（图19-84）。

24. 使用上述方法，继续添加配饰（图19-85）。

图19-84　设置不透明度

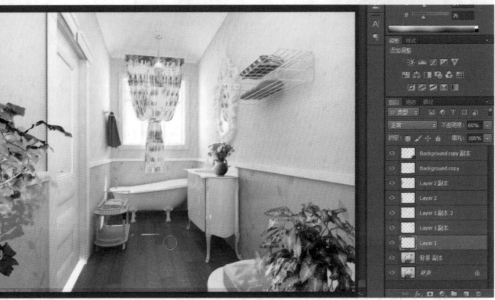

图19-85　继续添加配饰

19.3.2 添加文字

1. 在工具栏中选择"横排文字工具"，并在图中单击创建（图19-86）。

2. 在上面的"文字工具选项栏"中选择"字体"与"大小"，并输入文字（图19-87）。

3. 切换到"移动"工具结束创建，移动其位置（图19-88）。

图19-86 选择"横排文字工具"

图19-87 输入文字

图19-88 移动文字

4. 在图层面板中双击"浴室"图层，就会弹出"图层样式"对话框。混合选项，可以调整混合的模式，不透明度、填充不透明度等（图19-89）

5. 斜面和浮雕，可以给文字添加立体效果，在"结构"中可以为其添加不同的效果。在"阴影"中可以调节阴影的不同效果，其中的"角度"与"高度"的功能是控制阴影的方向。"高等线"与"纹理"可以加强文字的立体效果与特效（图19-90）。

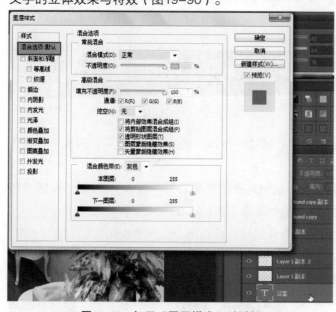
图19-89 打开"图层样式"对话框

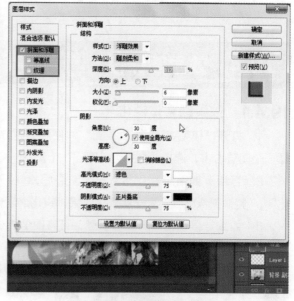
图19-90 设置斜面和浮雕

6. 其余选项的操作方式基本相同，就不再一一介绍了，根据设计要求依次向下进行调节，制作出独特的文字效果。完成之后，单击"调整"面板旁的"样式"面板，在"样式"面板最后面的空白处单击"创建新的样式"按钮（图19-91）。

图19-91 创建新的样式

7. 如果以后希望继续使用这种文字样式，可以直接单击该样式按钮，也可以使用其他样式（图19-92）。

8. 如果要修改文字内容，可以双击"文字"图层的"T"按钮，就可以修改文字了（图19-93）。

9. 单击展开"文字"面板中的"字符"按钮，可以对文字的基本参数进行修改（图19-94）。

图19-92　选择其他样式

图19-93　修改文字（一）

图19-94　修改文字（二）

19.4　效果图保存

难度等级
★★☆☆☆

19.4.1　效果图整体锐化

1. 打开"模型\第18章\效果图"，使用上述方法对其进行修饰，修饰完毕后，在"图层"面板中任意选择一个图层右击，选择"合并可见图层"（图19-95）。

2. 当所有的图层都合并为一个图层后，就可将其整体锐化，在"菜单栏"中选择"滤镜"中的"锐化"，整体图像就会产生一次锐化效果，锐化之后会让图像更加清晰（图19-96）。

3. 如果觉得锐化效果不够明显，可将图像再进行一次锐化效果，或选择"进一步锐化"，"进一步锐化"相当于"锐化"的2～3倍效果（图19-97）。

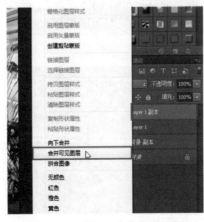

图19-95　选择"合并可见图层"

图19-96　选择"锐化"

图19-97　选择"进一步锐化"

19.4.2 保存格式

1. 锐化完成之后就可以将文件保存，在菜单栏选择"文件"中的"存储为"（图19-98）。

2. 在"存储为"面板中，选择"第19章"，命名为"卧室"，格式为"PSD格式"，单击"确定"保存（图19-99）。

3. 再次在菜单栏选择"文件"中的"存储为"，这次选择"JPEG格式"保存（图19-100）。

4. 在"图像选项"中将滑块滑动到"大文件"，单击"确定"，修饰后的效果图即被保存为"JPEG格式"，最终完成效果图的修饰（图19-101）。

图19-98 选择"存储为"

图19-99 选择PSD格式

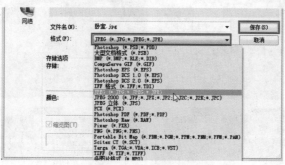

图19-100 选择JPEG格式

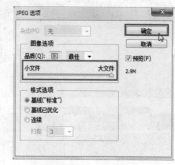

图19-101 设置JPEG选项

附录

附录1　V-Ray材质

附录2 贴图

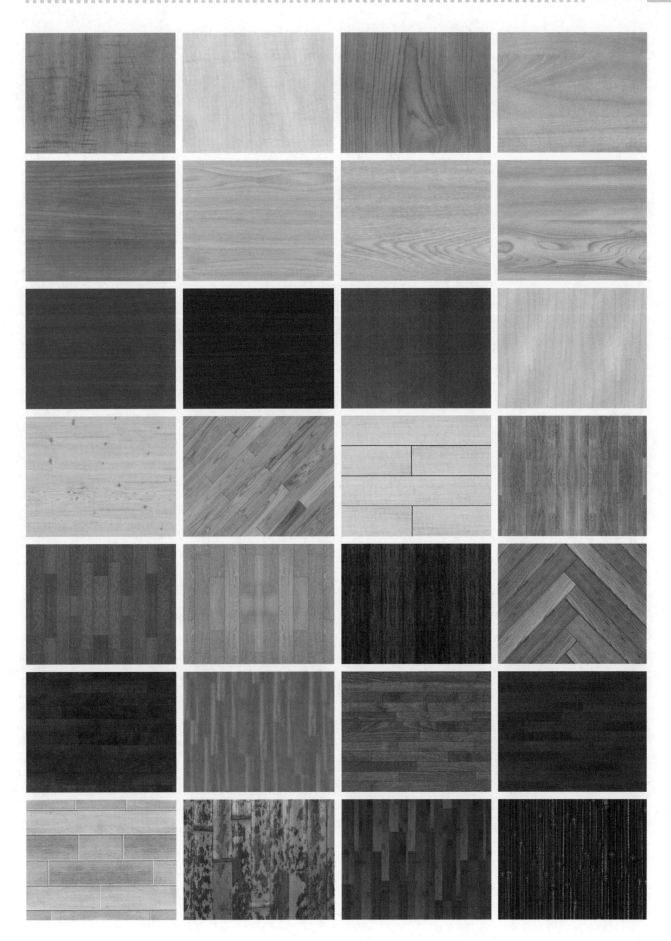

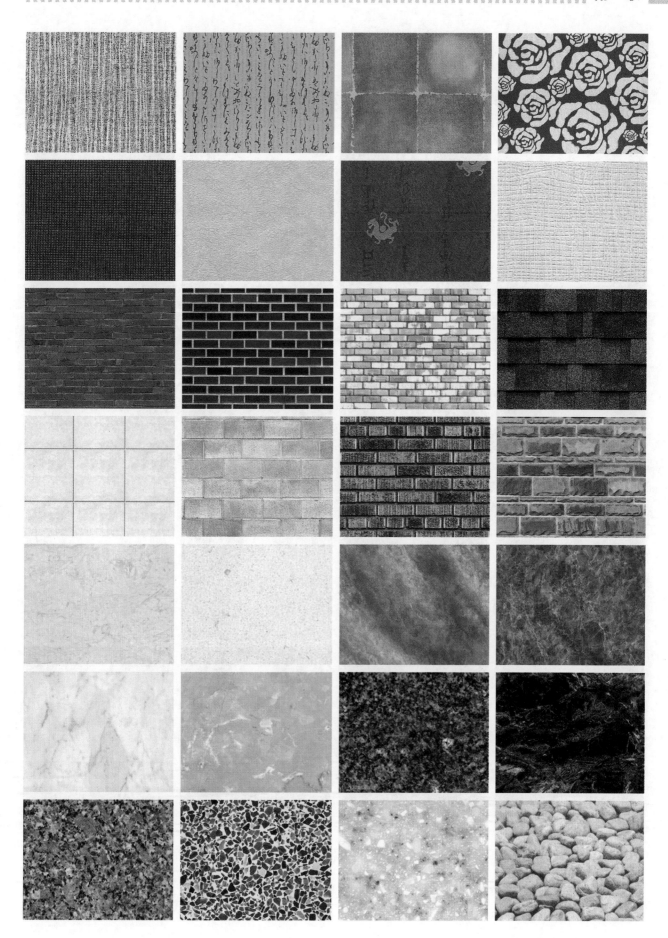

附录3　光域网

附录4 素材模型

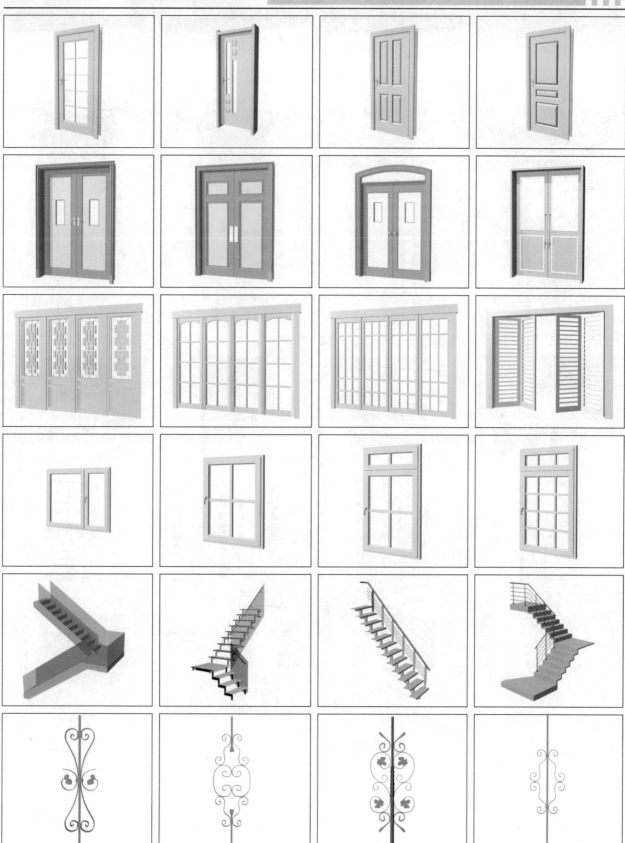

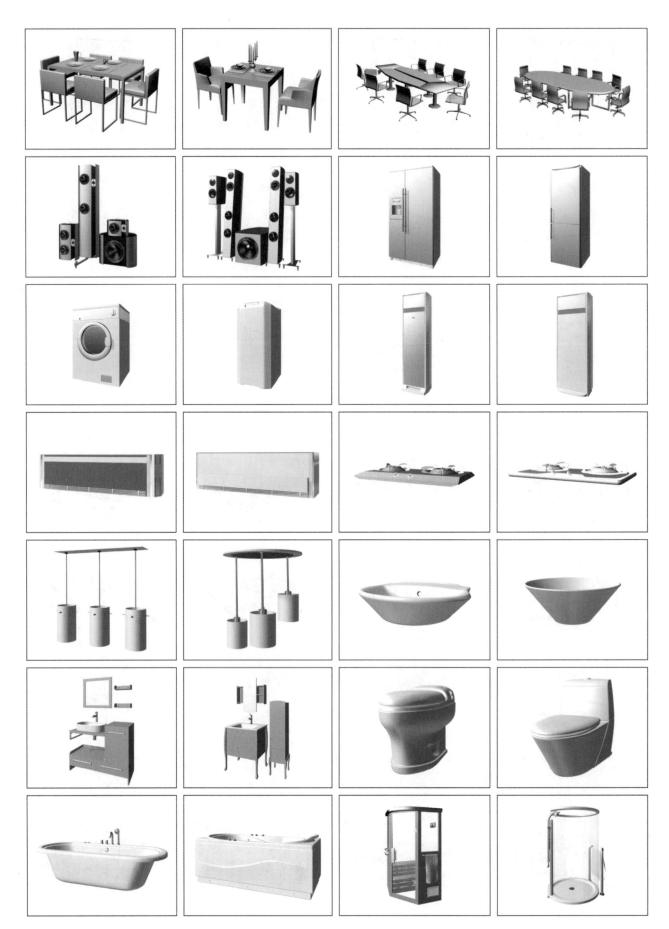

附录5　3ds Max 2013快捷键

A–角度捕捉开关

B–切换到底视图

C–切换到摄影机视图

D–封闭视窗

E–切换到轨迹视图

F–切换到前视图

G–切换到网格视图

H–显示通过名称选择对话框

I–交互式平移

J–选择框显示切换

K–切换到背视图

L–切换到左视图

M–材质编辑器

N–动画模式开关

O–自适应退化开关

P–切换到透视用户视图

Q–显示选定物体三角形数目

R–切换到右视图

S–捕捉开关

T–切换到顶视图

U–切换到等角用户视图

V–旋转场景

W–最大化视窗开关

X–中心点循环

Y–工具样界面转换

Z–缩放模式

[–交互式移近

]–交互式移远

/–播放动画

F1–帮助文件

F3–线框与光滑高亮显示切换

F4–Edged Faces显示切换

F5–约束到X轴方向

F6–约束到Y轴方向

F7–约束到Z轴方向

F8–约束轴面循环

F9–快速渲染

F10–渲染场景

F11–MAX脚本程序编辑

F12–键盘输入变换

Delete–删除选定物体

Space–选择集锁定开关

End–进到最后一帧

Home–进到起始帧

Insert–循环子对象层级

PageUp–选择父系

PageDown–选择子系

Ctrl+A–重做场景操作

Ctrl+B–子对象选择开关

Ctrl+F–循环选择模式

Ctrl+L–默认灯光开关

Ctrl+N–新建场景

Ctrl+O–打开文件

Ctrl+P–平移视图

Ctrl+R–旋转视图模式

Ctrl+S–保存文件

Ctrl+T–纹理校正

Ctrl+T–打开工具箱（Nurbs曲面建模）

Ctrl+W–区域缩放模式

Ctrl+Z–取消场景操作

Ctrl+Space–创建定位锁定键

Shift+A–重做视图操作

Shift+B–视窗立方体模式开关

Shift+C–显示摄影机开关

Shift+E–以前次参数设置进行渲染

Shift+F–显示安全框开关

Shift+G–显示网络开关

Shift+H–显示辅助物体开关

Shift+I–显示最近渲染生成的图像

Shift+L–显示灯光开关

Shift+O–显示几何体开关

Shift+P–显示粒子系统开关

Shift+Q–快速渲染

Shift+R–渲染场景

Shift+S–显示形状开关

Shift+W–显示空间扭曲开关

Shift+Z–取消视窗操作

Shift+4–切换到聚光灯/平行灯光视图

Shift+\–交换布局

Shift+Space–创建旋转锁定键

Alt+S–网格与捕捉设置

Alt+Space–循环通过捕捉

Alt+Ctrl+Z–场景范围充满视窗

Alt+Ctrl+Space–偏移捕捉

Alt+Z–缩放

Shift+Ctrl+A–自适应透视网线开关

Shift+Ctrl+P–百分比捕捉开关

Shift+Ctrl+Z–全部场景范围充满视窗

参考文献

［1］曹茂鹏，瞿颖健. 中文版3ds Max 2012完全自学教程［M］. 北京，人民邮电出版社. 2012.

［2］刘正旭. 3ds max/VRay室内外设计材质与灯光速查手册［M］. 北京：电子工业出版社，2012.

［3］李斌，朱立银. 3ds Max/VRay印象 室内家装效果图表现技法［M］. 2版. 北京：人民邮电出版社，2012.

［4］李娇. 3ds Max/VRay室内设计从入门到精通［M］. 北京：科学出版社，2011.

［5］火星时代. 3ds Max&VRay室内渲染火星课堂［M］. 2版. 北京：人民邮电出版社，2012.

［6］王玉梅，张波. 3ds Max+VRay效果图制作从入门到精通全彩版［M］. 北京：人民邮电出版社，2010.

［7］杨亚军，罗江. 3ds Max/VRay全套家装效果图制作典型实例［M］. 北京：人民邮电出版社，2012.

［8］张玲，等. 3ds Max建筑与室内效果图设计从入门到精通［M］. 北京：中国青年出版社，2013.

［9］王芳，赵雪梅. 3ds Max 2013完全自学教程［M］. 北京：中国铁道出版社，2013.

［10］郁陶，李少勇. 中文版3ds Max 2013完全自学教程［M］. 北京：北京希望电子出版社，2012.